BOTANISCHE ABHANDLUNGEN

AUS DEM GEBIET

DER MORPHOLOGIE UND PHYSIOLOGIE.

HERAUSGEGEBEN

VON

Dr. JOHANNES von HANSTEIN,

PROFESSOR DER BOTANIK AN DER UNIVERSITÄT BONN.

VIERTER BAND

ZWEITES HEFT.

Einige Züge aus der Biologie des Protoplasmas
von Johannes von Hanstein.

BONN,

BEI ADOLPH MARCUS.

1880.

EINIGE ZÜGE

AUS DER

BIOLOGIE DES PROTOPLASMAS

VON

JOHANNES VON HANSTEIN.

MIT 10 LITHOGRAPHIRTEN TAFELN.

BONN,
BEI ADOLPH MARCUS.
1880.

Vorbemerkung.

Das vorliegende Heft der **Botanischen Abhandlungen** bringt die letzte Arbeit des bisherigen Herausgebers derselben, des Professors der Botanik an der Universität Bonn, Geh. Reg.-Rath Dr. Johannes v. Hanstein.

Es war die Absicht des Verfassers gewesen, in dieser Abhandlung eine Reihe verschiedener Lebenserscheinungen des pflanzlichen Protoplasmas, die er in den letzten Jahren genauer beobachtet und worüber er bereits zum Theil vorläufige Mittheilungen veröffentlicht hatte, ausführlicher zu besprechen und durch Abbildungen zu erläutern. Es ist ihm nicht mehr möglich geworden, diese begonnene Arbeit in dem beabsichtigten Umfange zu Ende zu führen. Schon seit mehreren Jahren war sein Gesundheitszustand durch wiederholte Krankheitsanfälle erschüttert worden. Im Frühjahr dieses Jahres suchte er auf den Rath der Aerzte durch einen Aufenthalt im Süden, in San Remo, Erholung und Genesung, allein ohne Erfolg. Im Verlauf des letzten Sommersemesters verschlimmerte sich sein Zustand mehr und mehr, bis er am 27. August durch einen sanften Tod von seinem Leiden erlöst ward.

Von der begonnenen Abhandlung über einige Züge aus der Biologie des Protoplasmas fanden sich bei seinem Tode die drei ersten Abschnitte über Bewegungs- und Theilungsvorgänge des Zellkerns, sowie über die Reproduction verletzter Schläuche von *Vaucheria* bis auf die letzte Durchsicht vollständig ausgearbeitet im Manuscript vor. Ebenso waren auch die zugehörigen Tafeln unter seiner eigenen Leitung bis auf die letzte Correctur bereits fertig gestellt worden. Einige andere Beobachtungsreihen, deren ausführlichere Besprechung noch beabsichtigt gewesen war, hatten jedoch noch keine zusammenhängende Darstellung gefunden.

Die Bearbeitung des ersten Theiles der ganzen Abhandlung lag so weit vollendet vor, dass derselbe als ein zusammenhängendes Ganzes veröffentlicht werden konnte. Es bedurfte nur noch der letzten Durchsicht des Manuscriptes vor der Drucklegung, und dieser Aufgabe hat sich der Unterzeichnete gern unterzogen. Das vorliegende Heft bringt nun diesen ersten Theil der Abhandlung in unveränderter Wiedergabe des Manuscriptes. Wenn auch wohl anzunehmen sein möchte, dass der Verfasser bei der letzten Durchsicht des Manuscriptes, das im Laufe des Winters 1879—80 niedergeschrieben worden ist und später nur noch wenige Abänderungen erfahren hat, mit Rücksicht auf die neueste Litteratur noch einzelne Aenderungen, speciell in dem Abschnitt über die Theilung des Zellkerns, vorgenommen haben würde, so habe ich doch geglaubt, meinerseits von solchen Aenderungen vollständig abstehen zu müssen, um nicht dadurch den Charakter der ganzen Darstellung zu modificiren. Ich habe mich vielmehr bei der Durchsicht des Manuscriptes und der Tafeln auf die nothwendigsten redactionellen Verbesserungen beschränkt und nur am Schlusse noch einige Notizen zur Erläuterung derjenigen Figuren, die im Texte noch keine Besprechung gefunden hatten, auf Grund der Bemerkungen auf den Originalzeichnungen des Verfassers beigefügt.

Bonn im October 1880.

Fr. Schmitz.

BOTANISCHE ABHANDLUNGEN

AUS DEM GEBIET

DER MORPHOLOGIE UND PHYSIOLOGIE.

HERAUSGEGEBEN

VON

Dr. JOHANNES HANSTEIN,

PROFESSOR DER BOTANIK AN DER UNIVERSITÄT BONN.

DRITTER BAND.

Mit Beiträgen von H. Voechting, E. Warming, J. Hanstein, E. Kubin und J. Fr. Müller.

MIT 29 TAFELN.

BONN,

BEI ADOLPH MARCUS.

1878.

Einige Züge

aus der

Biologie des Protoplasmas.

Einleitung.

Seitdem Verfasser im Jahre 1870 [1]) auf Grund einiger Beobachtungen über die Bewegungen im Protoplasma, zumal über die vom Zellkerne ausgeführten, seine Ansichten über diesen Träger des Zellenlebens kurz zusammenzustellen versucht hat, ist derselbe mancherlei neueren Erörterungen unterworfen worden. Auf botanischer Seite hat besonders Strasburger manche werthvolle Beobachtung zu den früheren hinzugethan, Velten, Treub und Andere haben verschiedene Eigenschaften und Vorgänge des Protoplasmas deutlicher zu unterscheiden gesucht. Andererseits hat Pfeffer in besonders eingehender und feiner Weise die molecularen Zustände und die dadurch veranlassten Kräftewirkungen dieses räthselhaften Körpers schärfer, als es bisher geschehen war, beobachtend und speculativ erörtert und hat dadurch manche Erscheinung desselben dem Verständniss erheblich näher gebracht.

Dazu hat man auf zoologischer Seite überaus rüstig an der Erkenntniss der Gestaltsamkeit des Protoplasmaleibes gearbeitet. Ganz besonders aber sind grade hier sehr reiche und überraschende

---

1) Sitzungsberichte der niederrheinischen Gesellschaft für Natur- und Heilkunde. 1870. Sitzung am 19. Decbr.

Beobachtungen über die innere Differenzirung des Zellkernes und sein Verhalten bei der Zelltheilung in den letzten Jahren gemacht worden.

Trotz alledem sind noch immer eine Menge unklarer Vorstellungen über Bau und Thätigkeit dieses Organes oder besser dieses Organismus verbreitet, und es ist eine richtige Würdigung dieses vornehmsten Theiles aller lebendigen Körper noch lange nicht erreicht. Da nun Verfasser dieses im Laufe der letzten Jahre mancherlei Beobachtungen, die geeignet sind, auf diesen und jenen Zug protoplasmatischer Gestaltung und Thätigkeit noch einiges Licht zu werfen, zu machen Gelegenheit gehabt hatte, so hatte er geglaubt, etwas Nützliches zu thun, indem er zunächst einmal das ganze morphologische und biologische Verhalten dieses räthselhaften Lebensträgers als ein Gesammtbild, wie es sich ihm selbst nach und nach gestaltet hat, zu skizziren suchte. Derselbe hat daher vor Kurzem versucht, dies sowohl für eine weitere Leserschaft anschaulich zu machen, als dabei auch das, was er Neues hinzuthun zu können glaubte, den Fachgenossen kurz anzudeuten. Vielleicht ist damit doch wieder etwas gewonnen worden, das thatsächliche Wesen des Protoplasmas den so vielfach verbreiteten mangelhaften Anschauungen, die darüber herrschen, gegenüber endlich in richtigerem Licht erscheinen zu lassen.

Immerhin ist diese auf einen grösseren Leserkreis berechnete Schrift nicht der Ort gewesen, auf gewisse angedeutete einzelne Züge genauer einzugehen, welche Verfasser jedoch, nachdem er in den letzten Jahren darüber allerlei Bemerkenswerthes beobachtet hat, des eingehenderen Besprechens, zumal aber des Erläuterns und Feststellens durch genauere Abbildungen, als sie ein Holzschnitt bieten kann, für werth hält. So sieht sich derselbe veranlasst, hier noch einmal in einem besondern Heft allerlei Züge protoplasmatischer Thätigkeit durch Abbildungen erläutert zusammenzustellen.

Es handelt sich mithin hier um nichts weniger als eine nochmalige Gesammtdarstellung. Vielmehr beabsichtigt Verfasser zunächst nur diejenigen einzelnen betreffenden Beobachtungen, die er in den letzten Jahren gemacht hat, nach den von ihm darüber mitgetheilten vorläufigen Berichten und mit inzwischen dazu nöthig gewordenen Zuthaten zusammenzustellen, alsdann aber einiges etwa Neue hinzuzufügen. —

Seit der Beobachtung des Verfassers über Bewegungen des Zellkernes im Zusammenhange mit denen der anderen Protoplasmaglieder hat dieser Körper, wie schon gesagt, durch noch andere Wahrnehmungen an ihm aller Augen auf sich gezogen, und auch Verfasser hat sich von Neuem mit demselben beschäftigt, und manche frühere unrichtige Anschauung, die er noch gehegt hatte, zu berichtigen vermocht. Die Resultate dieser neuen und alten Beobachtungen mögen mit verwandten Bewegungs-Erscheinungen im Zellenleibe zuerst durch die erforderlichen Zeichnungen und Commentare erläutert werden.

Daran mag sich dann die Vorlegung der bildlichen Belegstücke für einige andere Acte protoplastischer Thätigkeit schliessen. —

Wir schicken indessen zunächst noch zur leichteren Verständigung über die zu behandelnden Gegenstände eine andere kurze Erörterung vorher.

Zur Betrachtung der mannigfachen Erscheinungen von plastischen Umgestaltungen und örtlichen Umlagerungen der Theile des Protoplasmakörpers in der Zelle ist es erforderlich, die subjective Auffassung derselben auf einer bestimmten Grundanschauung zu entwickeln, damit sich die einzelnen zu besprechenden Züge zu einem einheitlichen Gesammtbild zusammenfügen können.

Verfasser bezieht sich auf seine jüngst veröffentlichte Schrift[1]) über das Protoplasma, in der er seine persönliche Anschauung von diesem Wesen im allgemeinen Umriss bestimmt ausgesprochen hat, und wird bei den folgenden Blättern sich gestatten, sich hierauf zu stützen. Indem es sich aber zunächst darum handelt, die im Jahre 1870[2]) gemachten Mittheilungen über die Bewegungen des Zellkernes selbst, welche bis dahin kaum beachtet waren, hier zunächst etwas näher zu erläutern, sei es gestattet, dies Bild vom Bau des Zellenleibes (theilweise mit schon einmal gebrauchten Worten) noch einmal zu skizziren.

Die Wandung der Zelle, welche im fertigen Zustand derselben zunächst in die Augen fällt, ist nicht die Hauptsache an der Zelle.

---

1) Das Protoplasma als Träger der pflanzlichen und thierischen Lebensverrichtungen, Heidelberg 1880.

2) Vorläufige Mittheilung über die Bewegungserscheinungen des Zellkernes u. s. w. in den Sitzungsber. d. niederrheinischen Ges. f. Nat.- u. Heilkunde, 19. Dec. 1870. Daselbst ist auf die ältere, unsere heutige Anschauung unterbauende Literatur hingewiesen. Dieselbe wird daher hier nicht wieder citirt.

Diese ist vielmehr in deren Innerm zu suchen. In[1]) dem Gehäuse, das aus Cellulose bestehend das Aeussere der Zelle darstellt und ihrer Gestalt Dauer verleiht, wohnt ein lebendiges organisches Individuum, der Zellenleib. Derselbe besteht aus einer schlauchähnlichen, der Wand dicht anliegenden Umhüllung, dem Primordialschlauch, welcher einen mit Saft angefüllten Innenraum umschliesst. Gegen diesen sowohl wie gegen die Zellwand ist der Schlauch mittelst häutchenartiger, festerer Schicht abgegrenzt, während er zwischen diesen beiden membranartigen Schichten Theile von allerlei Dichtigkeit, selbst flüssige, enthält. Die verschiedenen Theile des Primordialschlauches sind nach allen Richtungen, zumal längs und quer durch den Raum, durch Bänder und Fäden gleicher Natur verbunden, welche ebenso durch membranöse Schichten begrenzt, auch innen von solchen durchsetzt, ebenso festere, weichere und flüssige Substanztheile enthalten. Irgendwo hängt im Innenraum zwischen den Bändern oder seitlich am Primordialschlauch ein kernähnliches Gebilde, das wiederum noch ein, zwei oder einige Körperchen besonderen Ansehens umschliesst und aussen von den Bändern oder dem Schlauchprotoplasma überzogen und mit einer Sonderhülle begabt wird. Die Grundsubstanz dieses ganzen Protoplasma-Organismus ist glashell durchsichtig, farblos, weich (Hyaloplasma), bald rein, bald von kleinen, dichteren Körperchen (Mikrosomen) durchstreut. Die meist Körnchen haltenden flüssigen Protoplasmatheile (Enchylem) strömen in verschiedenster Bahn durch den Primordialschlauch, die Bänder und die Kernhülle, oft dicht nebeneinander in entgegengesetzter Richtung in den von den festen Theilen begrenzten Strombetten. Das ganze System aller dieser Glieder ist in steter Verschiebung und Umlagerung begriffen, die Bänder gleiten bald hierhin, bald dorthin, verschwinden im Schlauch, der sie einschliesst, und neue entstehen aus ihm; der Primordialschlauch selbst verschiebt seine Theile, tauscht Substanz mit den Bändern aus, weiche und flüssige, und gleitet wohl selbst nicht nur theilweis, sondern ganz und gar an den Wänden seines Gehäuses umher. Nichts erscheint nach Form und Masse beständig. Selbst der Umriss und das innere Gefüge des Kernes, der vergleichsweise vielleicht in der Zelle das Beständigste ist, bleibt sich demnach nicht gleich. Jeden Augenblick können die Glieder an Zahl

1) Protoplasma S. 48.

und Form wechseln, der Rumpf sich ändern und anders legen, jede Molekelgruppe selbst bald fest zusammenhalten, bald frei auseinanderlaufen. Dennoch wird dauernd die Gestalt und Individualität des Ganzen sicher gewahrt[1]).

---

1) Zur näheren Motivirung einzelner Züge dieser Skizze möge hier ein Theil der früheren Mittheilung (1870) Platz finden. Es ist daselbst gesagt:

Die meisten bisherigen Schilderungen dieser Vorgänge erwecken indessen der Mehrzahl nach noch immer die Vorstellung, als ob diese Binnenströme des Protoplasmas frei aus dem Wand-Protoplasma oder demjenigen, das den Kern umgiebt, heraustrăten, den Zellraum frei durchkreuzten, nach der Art von Wasserläufen sich verzweigten und veränderten und hier und dort in andere Ströme einmündeten. So ist die Sache aber in den Pflanzenzellen keineswegs. Nicht mit freien Enden, sondern in Gestalt von seitlichen Falten, wie auch schon Brücke bemerkt hat, treten diese Strombänder aus der Fläche des Wand-Protoplasmas oder aus schon bestehenden anderen Bändern heraus, trennen sich zum Theil von ihnen, bewegen sich seitlich in den Zellraum und durchsetzen ihn endlich in verschiedenster Richtung, straff zwischen ihren mit dem Primordialschlauch oder dem Kern-Protoplasma in Verbindung bleibenden Enden ausgespannt. Sie spalten sich, trennen sich, verschieben sich in derselben Weise, ebenso verschmelzen sie mit ihren Kanten, wo sie sich treffen, wieder unter sich, oder ganz oder theilweise mit dem die Wand bekleidenden Protoplasma. Nicht ein Flüssigkeitsstrom bricht hier oder dort hervor, sondern eine zähe, gestaltete und sich selbst fort- und umgestaltende Masse. Die Bewegung der einzelnen Bänder ist ebenso oft quer oder schiefwinklig gegen ihre Längenausdehnung geneigt, als sie in der Richtung derselben geht. Im letzten Fall versenkt sich das Band an seinem der Bewegung nach vorderen Ende allmählich in die wandbildende Protoplasma-Masse und ergänzt sich am hintern Ende durch neu aus dieser herzutretende Theile. Dasselbe kann am Zellkern geschehen, und ebenso verhalten sich kleine Zwischenbänder zu den grossen, die sie verbinden. So bewegen sich nicht einzelne Bänder, während das Uebrige in Ruhe bleibt, sondern das Ganze ist in steter Umgestaltung begriffen, wenn auch örtlich verschieden schnell. Werden durch das Vorwärtsgleiten eines grossen Bandes die seitlich davon abgezweigten kleineren mit fort gezogen, so geschieht dies durchaus nicht so, wie etwa ein grösserer freier Fluss einen kleineren, der seitlich in ihn einfliesst, an dessen Mündung ablenkt und in seiner Richtung mit fortreisst, sondern so, wie Querschnüre, die leiterartig zwischen stärkeren Strängen ausgespannt sind, wenn von diesen einer in seiner Längsrichtung fortbewegt wird, straff, gradlinig und scharfwinklig von ihrer früheren Richtung abgelenkt werden. Die straffe Spannung aller Theile gegen einander, das sichtlich Zähe derselben, d. h. die Fähigkeit, wenn sie selbst vorwärts gezogen

Verfasser gestattet sich dabei, sich einiger Bezeichnungen für einzelne dieser Theile zu bedienen und dieselben in Vorschlag zu brin-

---

werden, andere Dinge mit fort zu ziehen, spricht augenscheinlich und entschieden gegen den Begriff des Flüssigen. Und da ebenso sehr die Fähigkeit dieser stromführenden Bänder, sich beliebig in jeder Richtung des Raumes, grade so wie die Plasmodien der *Myxomyceten* mit der Schwerkraft eben so gut wie derselben zuwider, vorzuschieben, auszurecken, aufzurichten und sich zurückzuziehen, dagegen spricht, so kann derselbe für das System von bandartigen Protoplasma-Verzweigungen ebenso wenig festgehalten werden wie für den Primordialschlauch selbst. Am wenigsten aber kann die Leichtigkeit, bei Berührung zu verschmelzen, diese Bänder als Flüssigkeitsströme kennzeichnen. Die Glieder der Milchsaft- und Schlauchgefässe lassen nicht allein ihre Primordialschläuche, sondern auch ihre Zellhäute mit einander verwachsen, und zwar wahrscheinlich innerhalb weniger Minuten. Warum sollen nicht in einer oder wenigen Sekunden die noch viel zarteren inneren Gliederungen des Protoplasma-Leibes verwachsen und wie jene ihre innere Substanz gemeinsam machen können? Zeitmaasse sind in der Natur nur relativ Grenzen; je kleiner und zarter ein Organismus, desto eiliger seine Bewegungen und Umgestaltungen.

Ist somit der wenn auch weiche und bildsame, so doch zähe, gestaltete und sich gestaltende, d. h. also mit einem Wort „contractile" Zustand des Protoplasmas in den Bändern so sicher erwiesen, wie für den Primordialschlauch selbst, und drängt sich dennoch der flüssige Zustand der in denselben strömenden Substanz dem Beobachter als unzweifelhaft auf, so ist eben auch bewiesen, dass das Protoplasma sowohl flüssige als auch weichfeste Theile nebeneinander enthält.

Das Strömen dieser Theile ist nun eine von der Bewegung der Bänder verschiedene Erscheinung. Eine weniger dichte, verschieden grosse Körnchen mit sich führende Flüssigkeit bewegt sich bald in derselben, bald in zwei entgegengesetzten Richtungen in dem Stromband, welches seinerseits davon unabhängig sich gleichzeitig in anderer, oft rechtwinklig zu der des Stromes liegenden Richtung bewegen kann. Oft scheinen zwar die im Flusse fortgerissenen Körnchen längs der Oberfläche des Bandes zu gleiten, so dass man auch die zähe Substanz desselben mehr in dessen Innern vermuthet hat. Allein, dass die Theilchen entgegengesetzter Ströme sich innerhalb der Strombetten unmittelbar berühren und stören, spricht wider diese Annahme. Und ebenso spricht dagegen die Ansicht, die ihre Umrisslinien selbst bieten. Fast überall scharf gegen den weniger dichten Zellsaft abgegrenzt, sieht man niemals eins der strömenden Körnchen mit den Theilchen, die in jenem suspendirt sind, sich berühren oder zwischen diese gerathen. Vielmehr zeigen die im Zellsaft befindlichen Körperchen häufig eine taumelnde oder flottirende Bewegung, die von der Strömungs-

gen, da sie ihm zu kurzer Unterscheidung ähnlicher und doch nicht gleicher Dinge oder zu bestimmterer Charakterisirung gewisser Eigenthümlichkeiten des Zellenleibes bequemer erscheinen.

---

masse, so heftig sie fliesse, in keiner Weise, auch nach langer Dauer nicht, beeinflusst wird. Dagegen bieten die scharfen Umrisse der Strombänder, wo sich deren zwei oder mehrere unter sich oder mit dem Primordial- oder Kern-Protoplasma berühren, die eigenthümlichen Spannungs-Curven dar, die zwischen den Oberflächen netzartig verbundener, gezerrter, elastischer Bänder entstehen müssen. Die Erscheinung des Kriechens von Körnchen, besonders grösseren Chlorophyll-Körnchen auf der Oberfläche der Ströme kann leicht durch nicht vollkommen scharfe optische Einstellung des Strom-Längsschnittes hervorgerufen werden und verschwindet dann bei Correction derselben, indem dann die zu den einzelnen oberflächlich scheinenden Körnchen aufsteigende und sich ihrer Aussenfläche anschmiegende Contour-Krümmung sichtbar wird. Auch die Annahme, dass der eine Theil der Protoplasma-Molekeln durch die ganze Masse desselben sich zu einer Art festem Gerüst vereinige, in dessen Zwischenräumen der andere Theil circulirt, stösst bei Beobachtung der ganzen Form der Erscheinung auf Schwierigkeiten. Kurz der Vergleich aller optischen Eindrücke für und wider diese Annahme, hat den Vortragenden vollkommen davon überzeugt, dass für die normalen Verhältnisse im Pflanzen-Protoplasma die Annahme einer wenn auch noch so zarten und oft dem Auge durchaus nicht erreichbaren, so doch ihrem Gefüge nach membranartigen Umhüllung der Protoplasmaströme die weitaus wahrscheinlichere ist. Freilich hat man sich, wie auch Brücke besonders von verwandten thierischen Gebilden nachgewiesen hat, diese Hülle nicht als eine nach innen eben so scharf wie nach aussen abgegrenzte Wand zu denken, sondern nur als eine durch dichtere Lagerung der Molekeln fester gestaltete, die selbständige Form veranlassende Aussenschicht, welche nach innen allmählich in weichere und undichtere Schichten und endlich in den Flüssigkeitszustand des strömenden Plasmas übergeht, zwischen dessen Bahnen innerhalb noch wieder hier und da festere Verbindungen angenommen werden können.

Hält man sich nun aber hiervon überzeugt, so wird freilich auch die Vorstellung kaum vermeidbar sein, dass auch das auf der Innenseite des Primordialschlauches strömende Plasma gegen den Zellraum von ähnlicher wenn auch vielleicht noch zarterer Hautschicht begrenzt sei. Man käme dann zu der Annahme einer doppelten zäh-membranartigen Schicht und einem theilweis mit Flüssigkeit erfüllten Zwischenraum, und Manchem wird dies als zu abenteuerlich nicht passend scheinen. Allein, obgleich dies Verhältniss optisch noch nicht einfach nachzuweisen ist, so lässt sich doch die feste und unverkennbare Abgrenzung der Wand-Ströme gegen den Zell-Inhalt und dagegen die Verschwom-

Das Wort Protoplasma bedeutet für den Verfasser lediglich den gesammten organisirten, lebendigen, aus eiweissartiger Substanz bestehenden, feste, weiche und flüssige Theile umfassenden Zellenleib im Gegensatz einerseits zur Cellulose-Wand, andererseits zu dem das Innere erfüllenden „Zellsaft", endlich zu den sämmtlichen im Zellinnern oder selbst im Körper des Protoplasmas enthaltenen, z. Th. verborgenen, formlosen oder geformten Substanzen, welche theils zur chemischen Verarbeitung noch bestimmt, theils schon verarbeitet, selbst organisirt (z. B. Stärke), etwa zu späterem Verbrauch darin enthalten sind. Alle diese letzten heissen für den Verfasser „Umbildstoffe", Metaplasmata. (Selbstverständlich sind davon gänzlich bei Seite gelegte Sekrete wie etwa Kalkoxalat noch zu unterscheiden.) Wir beschränken ferner den Ausdruck Primordialschlauch[1]) auf den der Zellumwandung anliegenden, schlauchförmig ringsum geschlossenen Theil des Protoplasmaleibes, — der freilich zuweilen nebst dem Kerne den ganzen Leib darzustellen scheint —, und unterscheiden an ihm seine äussere und innere — etwas beständigere — „Hautschicht" und seine vorzugsweise variable „Mittelschicht". Wir nennen die innern durch den Raum laufenden Stränge, Fäden oder sonstigen Verbindungen „Protoplasmabänder" und kennen auch an ihnen die Hautschicht und die bald haltbare bald flüssige Ausfüllung. Die Bänder sowohl als der Primordialschlauch können mit ihrer Haut- und Binnenschicht die Umhüllung des Kernes hergeben, die einen Theil von ihnen vor-

---

menheit ihrer seitlichen Begrenzung innerhalb der Wandfläche selbst physikalisch kaum anders begreifen.

Demnach wäre das Protoplasma im Ganzen zu denken als mit einer doppelten hautartigen Schicht versehen, aus deren innerem Blatte, — man wolle die Derbheit der Ausdrücke verzeihen und sie in möglichst zarter Bedeutung nehmen —, schlauchähnliche Falten und Fortsätze heraustreten und den Zellraum durchziehen, während in allen Innenräumen dieser Theile, die auch wieder durch festere durchzogen sein können, die Ströme flüssiger protoplasmatischer Substanz circuliren.

1) Allenfalls noch Protoplasmaschlauch zu nennen, aber weder im Ganzen mit „Hautschicht", welche Benennung eine plastisch falsche Vorstellung giebt, noch mit „Wandbeleg" zu bezeichnen. Letzterer immer noch vorkommende abgeschmackte Ausdruck ist nicht nur sprachlich falsch, — es müsste Wandbelag heissen —, sondern sachlich verkehrt, da sich nicht die Zellwand mit Protoplastin belegt, sondern das Protoplasma mit Cellulose.

stellt. Dieselbe ist trotz dessen zweckmässig mit eigenem Namen als „Kerntasche“ (Kernbeutel, Kernhülle, „Pericoccium“) zu unterscheiden. Das Körperchen im Kern wird allgemein eben schlechthin „Kernkörperchen“ (Nucleolus) genannt. Alsdann ist die einheitliche, völlig klare, glasartig aussehende („hyaline“) Grundmasse des gesammten Protoplasmakörpers (nach Pfeffer) als „Hyaloplasma“ zu unterscheiden von den metaplasmatischen oder sonstigen (Chlorophyll-, Farbstoffkörper u. s. w.) Einlagerungen, zumal von den offenbar integrirende Theile des Protoplasmas selbst ausmachenden, in demselben ruhenden oder schwimmenden, rundlichen, der Regel nach ziemlich gleichartigen Körperchen aus dichterer Substanz, für die Verfasser den Ausdruck „Kleinkörperchen“ („Mikrosomata“) anwenden wird [1]). Danach erscheint besonders wünschenswerth den jeweilig flüssigen Theil des Protoplasmas, in dessen Strömung die Mikrosomen und sonstige Dinge schwimmen, mit besonderem Ausdruck von der Masse des „Zellsaftes“ zu unterscheiden. Jener ist eben Protoplasma mit Zubehör; er kann daher füglich auch „Protoplasmasaft“, im Vergleich zum Saft des Zellraumes also „Binnensaft“, „Enchylema“, genannt werden. Der Zellsaft dagegen ist die wässerige Lösung von allerlei Verbrauchs- oder Quellstoffen, welche die allgemeine Leibeshöhle des Zellenleibes, den Zellraum, erfüllt. Verfasser hat ferner für zweckmässig gehalten, den Protoplasmaleib, sobald man ihn als Ganzes, als organisches Individuum, so zu sagen als active Persönlichkeit auffassen und hinstellen will, mit dem Wort „Protoplast (πρωτοπλάστης) zu bezeichnen, und wenn solcher zeitweis oder immer, z. B. als Schwärmzelle irgend einer Art, eine vereinzelte Existenz führt und behauptet, ihn „Monoplast“ zu nennen. In gleichem Sinne dürften Verschmelzungen mehrerer Mono- oder Protoplasten in ihrer Ganzheit als „Symplasten“ zu charakterisiren sein. Ein aus einem oder mehreren älteren Protoplasten neu hergerichtetes Zellindividuum, zumal wenn es bestimmt ist, gesondert als neues Einzelwesen oder Anfang eines solchen fortzuwirthschaften (z. B. die befruchtete Eizelle) ist ein „Neoplast“. Endlich will Ver-

1) Statt dessen den Primordialschlauch in eine hyaline Haut- und eine Körnerschicht theilen zu wollen, ist irrig. Jeder Theil des Hyaloplasmas kann sich der Mikrosomen entledigen oder dieselben aufnehmen.

fasser diejenige einzelne Eiweisssubstanz oder diejenige Gruppe mehrerer verwandter Eiweissstoffe, welche nach heutigem Stand unserer Kenntnisse — oder besser Annahmen — die eigentlich thätige Masse des Protoplasmaleibes ausmachen und welche zur Zeit allein geeignet scheinen, die Träger und ersten Angriffspuncte, selbst die einzig greifbare stoffliche Quelle der vitalen Verrichtungen und Triebe zu sein, als hypothetische Stoffverbindung oder Verbindungsgruppe mit dem hypothetischen Namen „Protoplastin" belegen. Von diesem bleibe ebenso hypothetisch der etwas verschieden erscheinende Stoff des Zellkernes als „Nuclein" gesondert, ebenso selbstverständlich die anderen proteinähnlichen Körper, die — zumal in thierischen Geweben — ersichtlich nicht den lebendigen Zellenleib, sondern nur dessen architektonische Ausrüstung ausmachen [1]) (wie z. B. Chondrin, Glutin, Chitin u. s. w.). —

Nachdem dies zur Verständigung vorausgeschickt ist, seien zunächst die vom Verfasser selbst gewonnenen Beobachtungsergebnisse über Bewegungen und Gestaltungen besonders des Zellkernes im Innern des Protoplasmaleibes erläutert, und zwar wesentlich in der Form der schon früher gemachten Berichte [2]), die nur in Einzelheiten zu vervollständigen, in ihren inzwischen als irrthümlich erkannten Auffassungen zu berichtigen und besonders auf die Abbildungen zu beziehen sind. Da es sich — es sei wiederholt — nicht sowohl um eine allgemeine Schilderung, als wesentlich nur um persönliche Zuthaten zu unserer wachsenden Kenntniss über diesen Gegenstand handelt, so sollen nur die nothwendigen Vergleichspunkte mit den Beobachtungen Anderer berührt werden [3]).

---

1) Vergl. hierüber „Protoplasma" S. 22—25, 39, 43—45, 55 u. a. a. O.

2) Sitzungsberichte der niederrheinischen Gesellschaft für Natur- und Heilkunde: Bewegungen des Zellkernes, 19. Dec. 1870, und Gestaltungsvorgänge in den Zellkernen bei der Theilung, 5. Mai 1879.

3) In der Schrift über „Protoplasma" hat Verfasser eine grössere Zahl der wichtigeren Schriften über Protoplasma und Zellbildung im Allgemeinen und über den Zellkern im Besonderen angegeben und wird dieselben, darauf verweisend, hier nicht wiederholen.

1. Bewegungen des Zellkernes.

In Anschauung der Bewegsamkeit, welche alle Theile des lebendigen Zellenleibes heherrscht, hatte sich Verfasser zunächst die Frage gestellt, was dabei der Zellkern selbst für eine Rolle spiele.

Dass derselbe eine wechselnde Stellung im Zellraume einnimmt, haben schon seine ersten genaueren Beobachter bemerkt, und dass diese zum Zelltheilungs-Vorgang in naher Beziehung steht, ist ebenfalls sehr vielfach festgestellt. Man weiss, dass er oft seinen Ort wechselt. Doch wurde die Bewegungsfähigkeit dieses Körpers meist nur aus den verschiedenen Entwicklungszuständen, die der Beobachter neben und nach einander vor sich hatte, erschlossen, und selbst A. Weiss[1]), der die Theilung phanerogamischer Haarzellen ausführlich beschreibt, lässt ungewiss, ob er den Kern vor seinen Augen in Bewegung gesehen hat. Andere erwähnen hier und da, dass der Zellkern von dem im inneren Zellraume strömenden Protoplasma mit fortgerissen werde, wie ja dies bei der sogenannten „Rotation" des Wand-Protoplasmas der *Vallisneria*-Zellen u. s. w. höchst auffallend stattfindet. So ist also die eine Reihe dieser Beobachtungen unvollständig, die andere ungenau.

Die Bewegungen des Zellkerns sind aber viel häufiger und dauernder, als es angenommen worden ist.

Der Verfasser hat sich bei Beobachtung der Zellen mancher *Trichome* (z. B. der Haare von *Cucurbitaceen*, von *Martynia*, *Cnicus*, *Tradescantia*), aber auch im Parenchym verschiedener phanerogamischer Pflanzen (*Dahlia*, *Aster*, *Cucurbita*, *Pistia*) überzeugt, dass nachdem die Zelle aus ihrem ersten Jugendzustand hervorgegangen, und in die Zeit des einfachen Ausdehnens und Wachsens getreten ist, der Zellkern abwechselnd sich in Bewegung setzt und wieder zur Ruhe kommt, ohne dass dies jetzt zu einer Theilung oder auffallenden Umgestaltung der Zelle führte. Zur Beobachtung dieses Vorganges

---

1) A. Weiss, die Pflanzenhaare, Karsten, botan. Unters. a. d. physiol. Labor. d. landw. Lehranst. zu Berlin, I. 370. Auch Mohl hat an Zellkernen in den Haaren von *Tradescantia* Ortsveränderungen auf- und abwärts constatirt, ohne dieselben wegen ihrer Langsamkeit unmittelbar sehen zu können. (Veget. Zelle S. 43.)

eignen sich besonders gut die grossen Haarzellen der *Cucurbitaceen* und vieler *Compositen.* Man sieht z. B. den Kern nahe der Mitte zwischen den Protoplasmabändern aufgehängt, wie die Spinne in ihrem Netz. Wie jeder lebendige Zellkern, so ist er von einer sackförmigen Protoplasmatasche umgeben, in welche die Bänder genau in derselben Weise auslaufen, wie in den Primordialschlauch. Diese sind in lebhafter Verschiebung und Umgestaltung begriffen, und die strömende Substanz läuft hin und wieder zwischen Wand und Kernhülle, umkreist in dieser den Kern in verschiedener Richtung und durchläuft die Quer-Verbindungen der grösseren Ströme. Von diesen verschiedenen Bewegungen wird nun die eigene Ortsveränderung des Kernes leicht unterscheidbar. Derselbe rückt unter dem Auge des Beobachters bald schneller bald langsamer im Zellraum fort, zuweilen fast gradwegs diesen durchkreuzend, bald in vielfach verschlungener Bahn, bald erreicht er irgendwo die Wand, schmiegt sich derselben an und kriecht längere oder kürzere Strecken längs derselben hin, um sich endlich wieder in den Zellraum zu erheben und ihn von Neuem entweder in einer Richtung zu durchsegeln oder in ihm umher zu kreuzen. Bald legt er dabei den ganzen Längsdurchmesser einer langen Zelle in wenigen Minuten zurück, bald vergehen Stunden, während er sich von einer Seite derselben zur andern begiebt, oder wie ziellos im Raume derselben umher schleicht.

Vergleicht man diese Bewegung des Kernes mit den Protoplasma-Strömen längere Zeit hindurch, so nimmt man wahr, wie zwischen beiden keine unmittelbare Beziehung besteht. Getrieben von den Strömen kann der Zellkern nicht werden. Denn einerseits ist augenscheinlich seine Masse im Verhältniss der Geringfügigkeit der strömenden Substanz so überwiegend, dass dies schwer zu denken ist. Andererseits aber, wollte man hier dennoch eine endliche Wirkung sich summirender kleiner Stösse annehmen, so laufen doch die Ströme häufig unmittelbar neben einander in entgegengesetzter Richtuug, umkreisen ebenso den Kern in sehr verschiedenem Sinne zugleich, laufen endlich oft stärker und schneller wider seine Wander-Richtung als mit derselben, oder kreuzen sich mit seiner Bewegung unter sehr geneigtem oder sogar rechtem Winkel. Somit kann keine Rede davon sein, dass die Fortbewegung des Kernes in diesen Fällen von den Strömen veranlasst würde.

Während der Bewegung desselben sind aber und bleiben die Plasmabänder, soviel deren dem Kern anhängen, stets straff gespannt, so dass die Kernhülle von denselben zu scharfen Ecken ausgezogen wird. Es sieht aus, als werde der Kern wie ein Fahrzeug zwischen rings gespannten Tauen herum bugsirt. Indem aber während dieses Bugsirens die Bänder selbst schnell ihre Richtung und Gestalt wechseln, muss selbstverständlich die Kernhülle, sofern jene aus dieser entspringen, ihre Form ebenfalls ändern. Aber nicht allein die Kernhülle thut es, sondern auch der Kern selbst. Derselbe ist während der Zeit seiner Wanderung der Regel nach nicht kugelförmig oder von ähnlicher regelmässiger Form, sondern unregelmässig länglich und zwar häufig in der Richtung seines jeweiligen Weges gestreckt, oft eiförmig, mit der schmalen Seite voran. Es ist nicht immer ganz leicht, im lebendigen Kern die Grenze zwischen dessen eigentlicher Substanz und der der Kerntasche scharf zu erkennen, da beide meist nur durch den Gehalt der letzteren an Mikrosomen und die ein wenig dichtere, meist weniger deutlich differenzirt erscheinende Masse der ersteren verschieden sind, dagegen im Lichtbrechungsvermögen unter sich kaum merklich abweichen. Trotz dessen kann man sich überzeugen, dass ausser der eckigen Kernhülle, die von den Bändern hin und her gezerrt eine sehr wandelbare Gestalt hat, und ausser den scheinbaren Formwandelungen des Kernes selbst, die durch sein Wälzen und Schwanken bedingt werden, doch auch die eigentliche Kernmasse eine thatsächliche Gestaltveränderung erleidet, während sie ihren Ort ändert. Dieselbe giebt sich besonders auch durch die Verschiebung des Kernkörperchens innerhalb der Kernmasse ausreichend kund. Ob freilich die Kernmasse diese Gestalt-Veränderung selbstständig oder unter dem Druck ihrer Protoplasmahülle vollzieht, steht dahin.

So gewinnt also der Zellkern durch die Wandelbarkeit seiner eigenen Form sowohl wie durch die noch grössere seiner Hülle und durch die ruhelose Umlagerung und Umbildung der Bänder, die von ihm ausgehen und ihn schwebend erhalten, eine schlagende Aehnlichkeit mit einem jungen Plasmodium oder einem amöbenartigen Organismus. Ja er gleicht einem solchen während seines Umherkriechens so, dass ihn wesentlich nur die Verbindung mit dem Wand-Protoplasma davon unterscheidet.

Eine Anschauung dieser Bewegungen lässt sich selbstverständlich nur dadurch geben, dass man eine Anzahl bald aufeinander folgender Zustände so genau als möglich abbildet. Dies ist auf den ersten Tafeln versucht worden. Die ersten beiden Figuren (**1**, 1, 2) zeigen zwei ungefähr eine Stunde auseinanderliegende Zustände der Zellkerne in ein und demselben mehrzelligen Haar von *Cnicus benedictus*. Alle haben ihre Lage geändert, und auf welchem Wege dies geschehen ist, deuten die von den Zellkernbahnen a, b, c, d in Fig. 3 gegebenen Skizzen an. Der Punkt am einen Ende der verschlungenen Bahnlinie ist ihr Ausgangspunkt, die Pfeilspitze ihr nach einer Stunde erreichtes Ziel.

Eine ausführlichere Beobachtungsreihe bieten die Zustände eines zweiten Haares derselben Pflanze, die Figuren 6—12 (T. **1**), welche in Zeitabständen von 5—20 Minuten aufgenommen sind, wie die beigefügten Zahlen angeben. Die Bilder sprechen für sich selbst. Nur sei darauf aufmerksam gemacht, dass zwischen je zwei Zuständen der Weg der Kerne durchaus kein gradliniger ist, und dass in den Skizzen in der Papierebene sich die nach oben und unten (vom Beschauer aus) gerichteten Bewegungen nicht ausdrücken lassen. Die Wege sind mithin viel mehr gewunden, als sie scheinen. In 10 b und 12 b sind ein Paar angedeutet. Noch wolle man nicht übersehen, dass mit der Formveränderung stets auch die Lage der Protoplasmabänder sich ändert.

Fig. 1 (T. **2**) zeigt die Zellkernwege in 4 Zellen eines Haares von *Ecballion agreste*, die innerhalb 4 Stunden ($12^1/_2$—$4^1/_2$) fast ganz vollständig beobachtet sind. Die Strecken, für die das nicht gelungen ist, sind nur punktirt. Grade dies Bild zeigt die vielverschlungenen Pfade der Kerne und die damit unmittelbar zusammenhängende grosse Bewegsamkeit des ganzen Zellenleibes in aller Deutlichkeit. — Die Schnelligkeit der Wanderung ist, wie schon die Skizzen zeigen, ausnehmend verschieden. Die Fig. 4 und 5 (Taf. **1**) stellen im Umriss zwei Zustände ähnlicher Zellen dar, die etwa 4 Minuten auseinander liegen. In dieser kurzen Zeit hat Kern b die ganze Höhe seiner Zelle durchzogen. Mit so schnellem Fortrücken wechseln dann langsamere Bewegungen und Ruhezeiten ab.

Die Figuren 2—7 (T. **2**) bilden die aufeinanderfolgenden Zustände eines jungen Kopfhaares derselben Pflanze ab. Zuerst bewegte sich der Kern der grösseren Kopfzelle, dann der der kleineren sehr schnell, später beide langsamer. Lebhafte Mikrosomenströme bewegten sich zugleich in den Bändern der beiden sehr stoffreichen Protoplasten, wie z. B. die Pfeile andeuten. In einigen Vacuolen war gleichzeitig Molekularbewegung sichtbar.

Dies amöbenartige Umherwandern des Kernes scheint nach den Beobachtungen des Verfassers zu beginnen, wenn das Strömen in den Protoplasma-Bändern anfängt, mithin, sobald der metaplasmatische, die sogenannten Vacuolen erfüllende und durch seine Quellung das Protoplasma pressende und spannende Inhalt der jungen sich dehnenden Zellen durch Wasseraufnahme so viel an Dichtigkeit verloren hat, dass er durch seinen Druck die Bewegung nicht mehr hemmen kann. In Zellen, die überhaupt schon im Zustand grösserer Ausbildung aus der Theilung hervorgegangen sind, wie im älteren Parenchym, scheint die Bewegung gleich nach dieser zu beginnen. Doch findet man Zellen mit sich bewegendem und mit ruhendem Protoplasma vielfach zwischen einander, so dass eben relativ ruhigere Zustände mit lebhafterem Umherkriechen desselben wechselnd anzunehmen sind.

Der Anblick aller Theile des so beweglichen Netzes, der mit einander verknüpften, straff mit Spannungscurven hier und dort ineinander laufenden Bänder und Fäden, die sich hin und her ziehen und recken und, den Kern zwischen sich, wie die Spinne im Netz in leiser aber stetiger Verschiebung hin und her durch den Zellenraum mit sich schleppen, kann keinen Zweifel lassen, dass der Primordialschlauch an dieser Bewegung Theil nimmt. Schon die stete Abgabe von Substanz an die schon bestehenden, wie an neu hervortretende Bänder und die Rücknahme derselben in seine Masse muss selbst zu stetem ausgleichendem Hin- und Herschieben seiner Massentheilchen nöthigen. Allein das Fortgleiten der Bandansätze auf seiner Fläche und das scheinbare Kriechen des Kernes auf eben derselben, lassen sich nicht wohl anders verstehen, als dass auch der gesammte Primordialschlauch bald seine einzelnen Flächentheile hin und her reckt, bald sich vielleicht ganz und gar im Innern seines Gehäuses herumschiebt. Wenigstens würde seine innere Hautfläche recht weitgreifenden derartigen Umlagerungen nicht wohl entgehen können. Zumal die Erscheinung der sogenannten einfachen Rotation in den Zellen gewisser Wasserpflanzen würde durch die Annahme eines ganzen oder theilweisen

Mitrotirens der inneren Primordialmembran mechanisch leichter vorstellbar werden. So kommt man dann mit neuen und zwingenderen Gründen zu der schon von Brücke gefassten Anschauung zurück, nach welcher man nunmehr das gesammte protoplasmatische System als einen individualisirten Organismus, d. h. ein lebendig bewegtes Eigenwesen, auffassen muss, das sich innerhalb seiner selbsterzeugten Schale, der Cellulose-Wandung, in dauernder Bewegung befindet, welche in einem Herumgleiten hier- und dorthin und einem damit verbundenen Verschieben und stetem Umbilden der inneren Gliederung besteht. Wie die Molluske sich ihre Schale nicht allein baut, sondern sich in derselben bewegt, so ebenso der Protoplasma-Leib in seiner Zellhaut. Nicht die Ströme in den Bändern, nicht der Zellkern, nicht der Primordialschlauch für sich ist Sitz und Bewegungs-Ursache. Der ganze Protoplasmaleib, der keine „Substanz", sondern ein „Organismus" ist, bewegt sich in allen Theilen, bald zugleich, bald wechselnd, als einheitliches amöbenartiges belebtes Eigenwesen.

Ob dabei die äusserste Schicht des Primordial-Schlauches, während sie im Begriff ist, neue Cellulose-Molekeln, die durch ihren Einfluss in ihren Molekular-Interstitien entstanden sind, der Zellwand einzufügen und diese dadurch zum Wachsen zu bringen, selbst dieser Wand innig anhängend in vollkommener Ruhe bleibt, oder dies Geschäft verrichtet, während sie zugleich mit hin und her gezogen wird, ist eben zur Zeit noch nicht zu ermitteln gewesen. Besonders spitzt sich diese Frage in Bezug auf die erwähnte Rotation zu. Hier scheint eben das gesammte Protoplasma in stetem Umwälzen in seiner Schale begriffen, sowohl die membranartigen Grenzschichten wie der Inhalt, was besonders aus dem in gleicher Schnelligkeit erfolgenden Mitgehen des Kernes zu vermuthen ist. Andrerseits ist es mechanisch schwer vorstellbar, wie ein oft langer prismatischer Protoplasma-Leib innerhalb seiner Schale, ihr in allen Theilen eng angeschmiegt, um eine seiner kürzern Axen rotiren soll, und eine äussere ruhende Schicht würde dadurch wahrscheinlicher. Es muss daher diese Frage noch offen bleiben. —

Es kann nun nicht auffallen, dass, wenn der Zellkern schon im ruhenden Zustand der Zellen ihren Raum durchwandert, er bei jeder besonders wichtigen Verrichtung derselben erst recht seine Bewegsamkeit zeigen wird. So spielt er bei dem Theilungsvorgang der Zellen eine hervorragende Rolle und muss also, um diese zu spielen, eine dazu angemessene Stellung in seinem Gebiet einnehmen.

Der Zellkern pflegt daher vor Beginn der Theilung in die Mitte des Zellraumes zu kriechen, oder genauer gesagt, durch die Verschiebung des Gesammt-Protoplasmas in die Mitte zu rücken. So stellen es die Fig. 2—8 (T. **3**) in den Zellen m in verschiedenen Stadien dar. Darauf begeben sich die ihn haltenden Bänder zu einer Plasma-Anhäufung mitten in der Fläche der Zelle zusammen, in der sich dieselbe spalten soll. Bald darauf theilt eine Halbirungsgrenze den Kern in zwei Hälften. Nachher oder fast zugleich zeigt die ganze Plasma-Schicht, die ihn umgiebt, eine freie durchgehende Spaltungsfläche, in der darauf die neue Cellulose-Wand entsteht. Auf die näheren Umstände dieses Vorganges wird indessen erst unten einzugehen sein. Zunächst sei nur noch bemerkt, dass nach vollendeter Herstellung der Tochterzellen sich beide neuen Zellkerne alsbald auf die Wanderschaft zu begeben pflegen. Und hierbei ist dem Verfasser namentlich eine Weise als sehr häufig besonders im Mark-Parenchym der Dikotylen vorkommend aufgefallen. Beide Theilkerne kriechen nämlich nach vollbrachter Scheidung in entgegengesetzter Richtung entweder an der inneren Wandfläche herum, oder ziehen in einem oft sehr massigen Protoplasmabande quer durch den Raum der neuen Tochterzellen und begeben sich ziemlich schnell genau an die diametral ihrem Theilungs-Ort gegenüberliegende, also ältere Querwand der neuen Zelle. Hier scheinen sie zunächst zur Ruhe zu kommen, und es liegen mithin, da diese Parenchymzellen sich in regelmässiger Reihentheilung zu theilen pflegen, je zwei neu entstandene Kerne beiderseits einer älteren Querwand einander gegenüber. Der Umstand, dass man diese Lage im geschlossenen Parenchym sehr viel häufiger als die Theilungsstellung sieht, macht wahrscheinlich, dass die Theilung sich schnell vollzieht und bald darauf eine vergleichsweise längere Ruhe des plasmatischen Zellleibes erfolgt.

Einzelne Zustände dieser Wanderung sind in den Zellen w und die Schluss- und Ruhestellung in den Zellen z der Figuren 1—7 der T. **3** aus dem Parenchym von *Helianthus*, T. **3**, 8—10 und T. **4**, F. 16—19 aus dem von *Aster simplex* und T. **6**, 13—15 aus *Polygonum Sieboldi* zur Darstellung gebracht. Die letzteren zeigen zumal den letzten Wanderungsschritt der grossen rundlichen Kerne; F. 14

lässt die eigenthümliche, oft wiederkehrende Erscheinung erkennen, dass an der neuen Scheidewand an der Stelle, wo die neuen Kerne sich getrennt haben, scheinbar Substanzreste liegen geblieben sind. Dagegen scheint die Fig. 12 (T. 5) aus dem Parenchym von *Hyacinthus* wieder eine Scene der Wanderung darzustellen, zu der Fig. 6 (doppelt stark vergrössert), welche mit jenen Zellen Wand an Wand lag, als Vervollständigung die Mittelstellung des Kernes besonders charakteristisch zeigt. Ein ähnliches Bild giebt 4, 14 aus *Paeonia* in Zelle a, während ihre Nachbarin w wohl zwei aus der Theilungsstellung in den zeitigen Ruhestand zurückkehrende Kerne zeigt.

Leider wird die Beobachtung dieser Vorgänge, die schon in den Haargebilden der Landpflanzen durch zu frühes Absterben beschränkt ist, im Parenchym derselben noch viel mehr erschwert. Der Protoplasma-Leib aus dem Binnenzellgewebe der höheren Pflanzen ist sehr empfindlich, und der empfindlichste Theil desselben ist grade der Zellkern. Mechanische Verletzung oder Wasserzutritt lassen ihn leicht absterben. Da man nun in nur wenigen Fällen Parenchym-Zellen, ohne ihr mütterliches Gewebe zu durchschneiden und das Präparat in einen Flüssigkeitstropfen zu legen, zur mikroskopischen Anschauung bringen kann, so ist meist die Mehrzahl der Zellkerne abgestorben, bevor man nur das Mikroskop eingestellt hat, besonders, wenn man Wasser als Benetzungsmittel anwendet. Leichter gelingt die längere Beobachtung noch lebender Zellkerne nnd überhaupt Protoplasmata, wenn man das Wasser mit etwas Glycerin oder Zucker versetzt oder noch besser, wenn man das Präparat in den Saft der Pflanze, aus dem es genommen ist, einlegt [1]). Dieser Umstand, dass zumal in den Binnen-Geweben die lebendigen Zellkerne überhaupt oft schwer zu finden und noch schwerer dauernd zu beobachten sind, erklärt nicht allein, warum die dauernde Kriechbewegung derselben bisher, so viel dem Verfasser bekannt, noch gar nicht beobachtet ist, sondern auch wohl die verbreitete Annahme des frühen Verschwindens der Kerne überhaupt, da sie selbst im todten Zustande, wenn, wie häufig,

---

1) Die Figuren 8–11 (T. 2) zeigen vier Zustände einer Zelle aus dem Stengelparenchym des Kürbis. Die schwierigere Durchschauung des mehrschichtigen Präparates ist der Grund, dass das System der Bänder nicht so vollständig hat erkannt werden können.

ihre geringen Reste eng der Wand anhaften, in Zellgewebs-Präparaten leicht übersehen worden sind.

Vorstehende, schon 1870 mitgetheilte Beobachtungen hat Verfasser inzwischen vielfach zu bestätigen Gelegenheit gehabt. Dagegen haben die Forschungen in Bezug auf das Verhalten des Zellkernes bei der Zelltheilung sowohl, als auch auf seine innere Gestaltdifferenzirung inzwischen zu ganz neuen Anschauungen geführt, die auch manche frühere Anschauung des Verfassers als ungenau und irrig haben erscheinen lassen. Die in dieser Richtung von ihm gemachten Beobachtungen seien (wiederum im Ganzen mit den Worten der schon gemachten Mittheilung[1])) hier angefügt und, wo erforderlich, ausgeführt und vervollständigt.

2. Gestaltungen der Zellkerne bei der Theilung.

Die noch bis vor wenigen Jahren besonders auf botanischer Seite herrschende, auch vom Verfasser gehegte Meinung, dass die Masse des Zellkernes meist von beständig homogener Substanz gebildet erscheine, hat sich neuerdings als durchaus irrig erwiesen.

Es ist zunächst Strasburgers[2]) Verdienst, in einer gründlichen Beobachtungsreihe, die wesentlich an Zelltheilungen des Fortpflanzungsapparates verschiedener Pflanzen ausgeführt war, die merkwürdigen Gestaltungen zu unserer Kenntniss gebracht zu haben, denen sich ein Zellkern unterwerfen muss, um der Zelle, der er angehört, dazu zu helfen, sich aus einem Einzelwesen in ein Zwillings-Schwesterpaar zu zerlegen. Vorher schon waren auf zoologischer Seite wichtige Entdeckungen auf diesem Gebiet feinster Zellgestaltung gemacht. Auerbach[3]) und Mayzel[4]) hatten bei Zellkerntheilungen in thierischen Geweben, zumal

1) Sitzungsberichte der niederrh. Ges. Sitzung am 5. Mai 1879.

2) E. Strasburger, Ueber Zellbildung und Zelltheilung. Jena 1875. Später: zweite Auflage der genannten Schrift 1877 und: Ueber Befruchtung und Zelltheilung. Jena 1878.

3) L. Auerbach, Zur Charakteristik und Lebensgeschichte der Zellkerne. Bresl. 1874; vergl. Bemerkungen zu Strasburgers Schrift etc. in Cohn Beitr. z. Biol. d. Pflanzen II 1876 u. a. O.

4) W. Mayzel, Ueber eigenthümliche Vorgänge bei der Theilung der Kerne in Epithelialzellen, Centralbl. für medic. Wiss. 1875. 50; vgl. a. a. O.

Epithelien, eigene Gestaltungen gesehen, mit denen die von Strasburger in Pflanzenzellen gefundenen wesentlich übereinstimmten. Gleichzeitig und später wurden von vielen Seiten her Beiträge hierzu geliefert und neue Studien an Thierzellen gemacht, von denen besonders nur die durch Bütschli[1]), Eimer[2]), Flemming[3]) und Schleicher[4]) ausgeführten, welche die überraschendsten Umgestaltungen, die die Zellkerne vor, während und nach der Theilung durchzumachen haben, ans Licht gezogen haben, angeführt werden mögen. Ueber alle diese Untersuchungen hat Verfasser in den vorläufigen Mittheilungen kurz berichtet.

Diesen Untersuchungen schloss sich wiederum auf botanischer Seite eine Reihe von Beobachtungen an, die Treub[5]) an einer Anzahl von Gewebezellen sehr verschiedener Pflanzen, *Orchideen* und anderen *Monokotylen*, *Dikotylen* und *Gefässkryptogamen*, anstellte. Er findet darin vieles, was seine Vorgänger beobachtet, bestätigt, deckt aber zugleich mancherlei Abweichungen auf. — Durch alle diese Enthüllungen hatte sich nun der Verfasser angeregt gefunden, solchen Vorgängen auf pflanzlichem Gebiet noch weiter nachzuspüren, als es schon geschehen war, — zumal da er seine früheren Beobachtungen entweder nunmehr als richtig zu bestätigen oder als ungenügend zu verbessern und zu vervollständigen schuldig war. Zugleich aber hatte sich auch Strasburger[6]) wieder an die entsprechende Vervollständigung seiner bisherigen Mittheilungen gegeben. Indem Verfasser nun seine eigenen Beobachtungen hier mittheilt, sei dabei auf die Ueber-

---

1) O. Bütschli, Theilung der Knorpelzellen, Zeitschr. für wiss. Zool. 29; Entwickl. d. Eizelle, Zelltheilung u. s. w., Senckbg. Abhndl. 1876.

2) Th. Eimer, Bau des Zellkernes. Arch. f. mikr. Anat. 8, 14 u. a. a. O.

3) W. Flemming, Beiträge zur Kenntniss der Zelle und ihrer Lebenserscheinungen, Arch. f. mikr. Anat. 16. Dort findet sich die betreffende Literatur so vollständig zusammengestellt, dass hier nähere Angaben darüber überflüssig erscheinen.

4) W. Schleicher, Die Knorpelzelltheilungen, ebendaselbst.

5) M. Treub, Quelques recherches sur le rôle du noyau dans la division des cellules végétales, Amsterdam 1878. — Fernere Literatur vergleiche man im „Protoplasma“ s. oben.

6) Strasburger, Neue Beobachtungen über Zellbildung und Zelltheilung. Bot. Zeit. (17. 25. April 1879.)

einstimmung derselben mit denen der genannten Forscher oder die seiner Meinung nach davon abweichend gefundenen Ergebnisse gelegentlich hingewiesen.

Verfasser hatte sich früher wesentlich zur Aufgabe gestellt, neben den von anderer Seite vielfach ausgeführten Beobachtungen über Theilungen und Neubildungen von Zellen theils bei niederen *Kryptogamen*, theils in den Fortpflanzungsorganen der *Phanerogamen*, seinerseits vorzugsweise die Gewebe-Zelltheilung phanerogamischer Zellen auf ihre etwaige Uebereinstimmung mit jenen Vorgängen ins Auge zu fassen. So hatte er denn auch jetzt sich wiederum vorzugsweise mit solchen Zellen beschäftigt, wie dies auch schon Treub gethan hat. Leider hat bisher die Zeit nur gereicht, eine geringe Pflanzenzahl in diesem Sinne zur Untersuchung zu ziehen. Trotz dessen erschien es nicht überflüssig, die Ergebnisse davon, weil sie nicht nur unter einander, sondern auch mit der Mehrzahl der früher und gleichzeitig von Anderen an anderen Pflanzen und Pflanzentheilen gefundenen Thatsachen übereinstimmen und dabei wohl geeignet sind, mancherlei Zweifel zu lösen, mancherlei Abweichungen hervorzuheben und dadurch einer allzu schematischen Auffassung der Sache entgegenzutreten, neben und selbst lange nach diesen anderen inzwischen gemachten Veröffentlichungen mitzutheilen. Auch glaubt Verfasser die regelrechte Gestaltung und Umbildung der Kernstructur bei Pflanzengeweben in ihrer Uebereinstimmung mit den Thierzellen dadurch noch schärfer kennzeichnen zu können.

Die früher auch vom Verfasser gehegte Ansicht, dass die Zellkerne der Regel nach, so lange sie lebendig sind, homogen erscheinen, und erst nach ihrem Absterben körnig oder sonst wie geronnen aussehen, ist also irrig. Die von Flemming für Thierzellkerne ausgesprochene Vermuthung, dass dieselben wohl der Mehrzahl nach mit einer Structur versehen seien, ist auch für die Kerne der Pflanzen wahrscheinlich überall zutreffend. Während seiner neueren Beobachtungen ist es Verfasser nicht gelungen, in den verschiedensten Theilen der verschiedensten Pflanzen einen einzigen Fall fest zu stellen, in dem der ruhende — das heisst zunächst nur der nicht zur Theilung sich anschickende — Zellkern mit Sicherheit von gleichartig glasklarer Substanz gewesen wäre. Die sehr wenigen Fälle, in denen auch das Gegentheil nicht scharf wahrzunehmen war, lassen vermuthen, dass hier der klaren Durchschauung der Kernmasse optische Hindernisse im Wege gestanden haben. Wo eine solche aber sicher möglich war, zeigten die Kerne schon im lebenden Zustand ein auf den ersten Anblick körniges Gefüge, d. h. es erscheinen in sehr durchsichtiger, der Protoplasmasubstanz ähnlicher Grundmasse stärker lichtbrechende Punkte oder Fleckchen, die jedoch gegen dieselbe nicht mit so scharfen Grenzen umzeichnet sind, wie z. B. die Protoplasmakörnchen es gegen ihre Umgebung zu sein pflegen. Sie erfüllen die ganze Kernmasse und sind auf der Oberfläche so deutlich wie in irgend einem optischen Durchschnitt. Im präparirten Zustand werden die Körnchen im Kern deutlicher und geben diesem nun oft ein fischrogenähnliches Ansehen, besonders wenn dieser mit Alkohol getödtet ist. Zumal bei manchen *Monokotylen*, z. B. den *Hyacinthen*, ist diese Structur der Zellkernmasse sehr deutlich wahrnehmbar. Unter den *Dikotylen* mögen die *Polygonen*, *Martynia*, *Begonien*, *Paeonien*, *Mirabilis* als bequeme Beispiele gelten. — Auf den Tafeln **4**—**7** sind in einer grösseren Anzahl von Beispielen diese Ruhezustände der Zellkerne und die darauf folgenden Schritte der Umgestaltung mit möglichst porträtähnlicher Genauigkeit der Natur nachgezeichnet. Der Buchstabe a bezeichnet den Ruhezustand des Kernes, seine in der Reihe folgenden Genossen deuten die folgenden Entwicklungsstufen an.

Zieht man nun Zellgewebe zur Rechenschaft, von denen anzunehmen ist, dass sie im Zustande lebhaften Wachsthums sind, ihre Zellen also häufiger Theilung bedürfen, so glückt es wohl, neben dem anfänglich scheinbar körnigen Zustand der Zellkerne deren von abweichendem Ansehen zu finden. Und zwar bieten sich — zuweilen auf einem und demselben Präparat — derartige Gestaltungen neben einander dar, dass man sich der Ueberzeugung nicht entziehen kann, eine Reihe aufeinander folgender Entwicklungsstufen, wie sie wohl jede der vorliegenden Formen zu Zeiten durchzumachen hat, vor sich zu sehen, z. B. T. **4**, 1, 8; **5**, 2, 4, 10; **7**, 2. Dieselben endigen dann, wenn diese Annahme richtig ist, mit der Theilung der Zelle und kehren darauf in jenen feinkörnig erscheinenden Zustand zurück, den wir, da die Kerne am längsten in ihm verharren, als den Ausgangszustand der ganzen Gestaltungsreihe, den relativen Ruhezustand, ansehen müssen. Diese vermuthliche Folge von Umgestaltungen sich thatsächlich in lebendigen Zellen unter Augen vollziehen zu sehen, hat dem Verfasser bisher noch nicht gelingen wollen, ob es gleich zuweilen leicht ist, die Zellen in den herausgeschnittenen Gewebetheilen viele Stunden, selbst Tage lang lebendig und bewegsam zu erhalten. Auch das wird ebenso wohl noch besser an pflanzlichen Geweben gelingen, wie es den genannten Forschern bei gewissen thierischen Zellen gelungen ist.

Einstweilen kann es kaum noch einem Zweifel unterliegen, dass die Structur, welche das feinkörnige Ansehen der ruhenden Zellkerne veranlasst, sobald der Zellkern sich anschickt, mittelst eigener Theilung die seiner Zelle einzuleiten, ganz allmählich in andere übergeht, welche eine vergleichsweise immer gröbere und deutlichere Gliederung der Zellkernmasse vor Augen legen. Die kleinen Licht- und Schattenpunkte der meisten Zellen erscheinen in anderen als immer grössere Fleckchen, die bald deutlich wie gewundene Streifen anzusehen sind. Der Anblick des Kernes wird endlich der eines aus vielfach verschlungenen und unter einander verknüpften, zarten, weichen Fäden oder Schlieren gebildeten Knäuels. Dergleichen auf demselben Präparat neben einander sich findende Gestaltungsfolgen mögen durch die Figuren **4**, 1, 8; **5**, 1—4, 10; **7**, 2 u. s. w. anschaulich werden. Die Schlieren aber sind nicht blos zwischen einander verschlungen, sondern scheinen unter einander vielfache Verschmelzungspunkte zu bilden, die dann, vorzugsweise bei flüchtigerem Anblick und schwächerer Vergrösserung, den Eindruck von Flecken oder vereinzelten festen Körperchen machen. Es lässt sich jedoch nicht behaupten, dass nicht auch in der That dergleichen zwischen den Schlingen und Schleifen eingelagert sind. Doch sind die Mehrzahl der in die Augen fallenden scheinbaren Körnchen theils Knoten- oder besser Verschmelzungsstellen, theils Krümmungsstücke der nach allen Richtungen durcheinander gewundenen Fäden. Man überzeugt sich davon sowohl bei Beschauung der Oberfläche des Kernes, über welche die Krümmungsscheitel der einzelnen Windungen empor- und unter welche deren Schenkel hinabtauchen, als auch beim Durchblicken des Innern. Ueberall vermag man die Windungen optisch zu verfolgen, bald mit völliger Deutlichkeit, bald mit ausreichender Wahrscheinlichkeit, um ein inneres Gefüge anzunehmen, das einem Knäuel von Windungen, aber nicht einem Ball, aus Körnern gehäuft, entspricht, wie besonders in Fig. **4**, 1, 8; **5**, 2, 3, 4, 10 gewisse Zellen darthun.

Hat man sich an den Zuständen deutlicheren und weniger feinen Gefüges von dieser Art der Gestaltung ein genügend klares Bild verschafft, so wird es in sehr vielen Fällen gelingen, dieselbe Ansicht auch von der Structur der ganz fein punktirt erscheinenden Kerne zu gewinnen. Auch hier macht das wechselnde Bild der Kernansicht bei veränderter optischer Einstellung meist viel mehr den Eindruck zahlreicher sehr zarter, durcheinander geschlungener und mannigfach verknüpfter, fadenförmiger Windungen als den einer fischrogenartigen Körnchenanhäufung. Doch wird hierauf später zurückzukommen sein.

Immerhin erwecken die Fäden oder Wülste in den bisher erwähnten Zuständen nicht die Anschauung wirklich substantiell isolirter und ganz gesonderter Schnüre, die zum Knäuel gewunden sind, als vielmehr den einer einheitlichen Gesammtmasse sehr zarter Natur, indem dichtere Streifen zwischen einer weniger dichten Grundmasse, mit der sie nichts desto weniger verschmolzen sind, sich zwischen einander krümmen und mit einander verknüpfen. Möglich ist dabei, dass die Knotenpunkte zum Theil noch dichter oder doch dicker sind. Somit schien dem Verfasser die Vorstellung fadenartiger Schlieren die zutreffendste zu sein.

Mit solcher Vorstellung verträgt sich denn auch der weitere sichtbare Verlauf der Gestaltung am besten. Man sieht immer stärkere Schlingen oder Wülste die Kernmasse durchziehen, deren Zahl dabei etwa in dem Maasse gegen die der in früheren Zuständen erscheinenden feineren Fadenwindungen abnimmt, als ihre Dicke zunimmt. Dabei wird der Regel nach schon der Umfang des ganzen Kernes grösser, vorausgesetzt, dass der Zellraum innerhalb des Protoplasmaleibes Platz gewährt, aber dabei nicht mehr in dem Maasse, dass die Zahl der Windungen beim Dickenwachsthum derselben eine gleiche bleiben könnte. Man kann also annehmen, dass nicht allein das, was die Summe aller Windungen an Länge verliert, an Dicke derselben gewonnen wird, sondern dass dabei vielleicht auch zwischen den dichteren Fadengestalten und der weniger dichten Zwischenmasse ein Substanzaustausch stattfindet. Ob dies der Fall ist, oder ob die Masse der Schlieren und die der Zwischensubstanz dieselbe bleibt, lässt sich jedoch zur Zeit nicht erweisen. (Solche Zustände sind in den Figuren mit c bezeichnet.)

Endlich werden die Windungen dergestalt — es sei der Ausdruck erlaubt — derb und massiv, dass man sie deutlich unterscheiden kann.

Doch bleiben sie noch schlingenartig verbunden. Dabei beginnt denn schon jetzt nicht selten ein allmähliches Auseinanderweichen zu zwei etwa halbkugeligen Gruppen, und dabei vollzieht sich ebenso allmählich eine Orientirung der Windungsschenkel möglichst nach der Richtung der Kernmeridiane, wenn wir uns die zukünftige Theilungsebene des Kernes als Aequator desselben denken. (Die in den Fig. mit d und e bezeichneten Zustände.) Darauf theilen sich dieselben in den quer laufenden Bogenstücken, die je zwei oder mehr von ihnen zur Zeit noch verbunden hielten, und die ehemaligen Windungsschenkel, die nun in einzelne Glieder zerlegt erscheinen, nehmen mehr und mehr die Form von frei neben einander liegenden Stäbchen an. Bald länger, bald kürzer, lockerer über eine breitere Aequatorebene aufgestellt oder enger zusammengedrängt, mehr senkrecht gestellt oder stark von Pol zu Aequator divergirend, gewähren sie bald das Bild der Zähne einer Egge, eines Rechens, bald das einer gespreizten Garbe. Bei alle dem geht bald das Auseinanderweichen, bald die Trennung der Windungen und Orientirung der Stäbchen ein wenig voraus. Der Beginn der Zweitheilung erscheint bald als eine unscheinbare, oft als schwach abschattirte Linie im Aequator auftretende Durchklüftung der ganzen Masse, bald scheint es, als ob sich die zu Einzelstäbchen zertheilten Schlingen nach und nach zwischen einander nach zwei entgegengesetzten Seiten hervorzögen, bis eine Sonderung der ursprünglich einen in nunmehr zwei Genossenschaften vollendet ist. (Zustände f und g.)

Neben diesen wesentlich und allgemein erscheinenden Umgestaltungsschritten treten noch mancherlei andere Umformungen ein. Während und vor der ersten Verstärkung der ursprünglich sehr feinen, körnchenartigen Schlierenbildung pflegt der Zellkern in den Gewebezellen, in welchen er seine Ruhezeit in einer Wandstellung verbringt, oder in denen er umherzieht, in die Mitte zu rücken. Man kann dies dann wohl als sicheres Symptom seines Vorhabens ansehen. Wenn dann die Schlierenstärke unter gleichzeitiger Verminderung der Zahl ihrer Windungen und Knotenpunkte zunimmt, so wächst, wie oben erwähnt, auch das Volumen des Kernes. Er pflegt dabei durch Bänder nach verschiedenen Seiten hin mitten im Zellraum aufgehängt zu sein, oft in weitem, deutlich kenntlichem Kernbeutel, der auch noch allerlei Metaplasmata, z. B. Stärkekörnchen, enthalten kann, die nicht selten in unliebsamer Weise die folgenden Vorgänge zu verdecken trachten.

Besonders pflegen zwei starke massige Stränge von den oben als Polen bezeichneten Gegenden des Kernes, also in der Richtung der Theilungsaxe, gegen diejenigen Wände zu laufen, welche einander und der zukünftigen Theilungsfläche etwa gegenüber und parallel liegen. Sie gehen hier meist mit gespreiztem Fuss in den Primordialschlauch über. Dagegen pflegen sich mehr und mehr andere Bänder, die in der Aequatorialebene des Kernes von seiner Hülle aus wandwärts laufen, einzufinden und sich allmählich zu einer immer dichteren und solideren Protoplasmaschicht zusammenzulagern. Alle diese Bänder legen den Kern für die Zeit seines Theilungs-Geschäftes fast in der Mitte des Zellraumes vor Anker. So zeigen es in verschiedenen Schritten die Figuren **4,** 14; **6,** 2 und auf T. **3** die mit m bezeichneten Zellen.

Die Volumenerweiterung des Kernes findet dann häufig zunächst in der Axenrichtung statt. Er streckt sich, wird erst zum Ellipsoid und gewinnt mit Hülfe der in die Polarbänder ausgereckten Zipfel seiner Hülle eine beiderseits etwas zugespitzte Gestalt. Gleichzeitig pflegt sich die Trennung der Windungsglieder, die Bildung und Orientirung der Stäbchen zu vollziehen, und dabei sieht man nicht selten polwärts von den Stäbchen eine convergirende zarte Streifung der Kern- und Protoplasmamasse verlaufen (**6,** 3), so dass das Ganze nun oft ein Ansehen bekommt, das Strasburger passend mit dem einer Spindel[1]) vergleicht. Dabei bleibt einstweilen unentschieden, ob die von den deutlichen Stäbchen gegen die Pole der Kerntasche ziehenden, bald zarteren, bald derberen Streifen Fortsätze der Stäbchen selbst sind, also nur der Kernmasse entstammen — als ob deren Enden etwa wie zu Draht ausgereckt zu denken wären —, oder ob sie Schlieren in der Substanz der Kerntasche sind, oder ob endlich beiderlei Material dieselben herstellt. Dem Verfasser liegen Fälle beiderlei Ansehens vor. Zuweilen findet die Bildung und Aufstellung festerer Stabkörperchen wesentlich nur in der äquatorialen Schicht des Kernes statt: dann wird entweder der Raum zwischen der Stäbchenschicht und

---

1) Verfasser kann sich übrigens nicht entschliessen, sich der von Strasburger vorgeschlagenen Benennungen zu bedienen, da sie die überaus feinen Gestaltungen mit allzu derben Namen belegen und somit die Vorstellung davon trüben können. Auch schematisiren dieselben die Verhältnisse schärfer, als zulässig ist. Verfasser kommt einstweilen mit einfachern Ausdrücken aus.

den Polen deutlich von den erwähnten Linien durchzogen, oder er erscheint körnig oder ohne bestimmte Zeichnung (**3**, 9; **6**, 3, 7; **7**, 5). In anderen Fällen erfüllen die beiden sich trennenden Gruppen (Garben) von Stabkörperchen zuerst die ganzen Kernhemisphären bis zu den Polen hin, in denen sie sich treffen, oder wo sie auf noch dichterem Rest der Kernmasse aufsitzen. Auch Strasburger hat offenbar beiderlei Fälle vor Augen gehabt. Auch wenn die Kernhälften ganz auseinandergetreten die Pole des erweiterten Volumens des Mutterkerns einnehmen, sind zuweilen noch jenseits derselben Streifen zu sehen. So scheint die Kerntasche wenigstens öfter an dieser Bildung Theil zu nehmen. Es ist diese Frage deshalb schwierig zu entscheiden, weil die Grenzen des Kerns sich um so mehr verwischen, je mehr derselbe sich erweitert und in der Bildung der Stäbchen fortschreitet, welche schliesslich selbst oft nur noch so lose neben einander stehen, dass die äussersten sich fast in das umgebende Kerntaschenprotoplasma zu verlieren scheinen, z. B. **4**, 4, 6, 9, 11; **7**, 3, 5, 8 u. s. w. (Vielleicht, dass bei diesem ganzen Vorgang ein so lebhafter Stoffaustausch zwischen Kern- und Protoplasmahülle stattfindet, dass die Grenzen beider auch thatsächlich auf Zeit unbestimmt sind.) So tritt also die sogenannte Kernspindel in die Erscheinung, entweder schon zur Zeit, da die Stäbchen-Sonderung noch nicht eingetreten ist, oder während dieses Eintretens selbst.

Während der bisher skizzirten Vorgänge im Zellkern bieten sich dem Beobachter mancherlei auffallende Verschiedenheiten dar. Dieselben fügen sich zwar alle unter die gemeinsame Regel, werden aber doch noch in ihren Einzelbeziehungen viel eingehenderer Studien bedürfen und auch besser unter Vorlegung möglichst genauer Abbildungen klar zu legen, als mit vielen Worten deutlich zu machen sein. Einiges davon sei noch besprochen.

Wie in der Zelle der Kern, so scheint im Kern das Kernkörperchen Anspruch auf Berücksichtigung zu haben. Früher hatte Verfasser Werth darauf legen zu müssen geglaubt, dass der Durchklüftung der Zellkernmasse wesentlich nur eine Theilung des Kernkörperchens voranzugehen pflegt. Die Sache liegt jetzt nicht mehr so einfach. Viele Zellkerne haben auch im Ruhezustand mehr als ein Kernkörperchen. Beispielsweise sind deren zwei in allen Zellen der *Hyacinthe* und anderer Verwandten, deren 3, 4, selbst noch mehr in den Gewebezellen der *Equiseten* häufig zu beobachten. Ob und wie sich diese bei der Kerntheilung selbst theilen oder vertheilen, ist in der That noch nicht festzustellen gewesen. Im Anfangszustand der Zellkerne sind dieselben fast immer leicht erkennbar, auch meist in den nächsten noch. Je schärfer sich aber die stärker werdenden Windungen differenziren, desto undeutlicher werden die Kernkörperchen dazwischen und sind endlich zwischen den fertigen Stabkörperchen mit Sicherheit nicht mehr wahrzunehmen. Bei der Rückbildung aus der Stäbchen- in die Körnchenstructur erscheinen sie wieder, in jedem neuen Kernzwilling nun so viel, als ehedem der Mutterkern besass. Immerhin aber verdient eine Erscheinung dabei fernere Aufklärung. Nach oder während der von den Stäbchen ausgeführten Itio in partes erscheint sehr häufig an dem Ort jeder Gruppe, nach dem dieselben convergiren — also an den Polgegenden des getheilten Kernkörpers —, je eine dichtere, unklarere, fleckige, schlierige, wulstige, auch wohl querstreifige Basalmasse, auf welche die Stäbchen aufgesetzt, aus der sie zu entspriessen scheinen, wie die Finger aus Mittelhand und Handwurzel, wie die Zähne des Rechens aus seinem Querholz, wie die Stengel eines Strausses aus der Blumenschale (z. B. **4**, 3, 5, 6, 10; **5**, 11). Verfasser hält für sehr wahrscheinlich, dass in diesen zwei Basal-(Polar-) Massen sich die Rudimente der beiden neuen Tochterkernkörperchen bergen, dieselbe zuweilen vielleicht wesentlich ausmachen, nachdem sie — ebenfalls sehr wahrscheinlich — nicht nach Auflösung des Mutterkernkörperchens neu gebildet[1]), sondern aus Theilung desselben hervorgegangen sind. Wo solche die Pole des in Gestaltung begriffenen Kernes ausmachende oder ihnen nahe liegende dunklere Massen nur schwach angedeutet erscheinen oder gar nicht sichtbar sind, dürften die neuen Kernkörperchen trotz dessen zwischen den Stabkörperchen, Fadenstreifungen u. s. w. — vielleicht in sehr durchsichtigem Zustande — verborgen sein (**4**, 4; **5**, 5). Dasselbe darf für manche abweichende Form des Theilungsvorganges angenommen werden. Zumal aber in den Fällen, wo die Theilung in eng bedrängter Zelle ohne merkliches Auseinanderrücken statt haben muss, können sich Bildungen von neuen Kernkörperchen leicht verbergen (**5**, 8). Dem Verfasser scheint, dass aus theoretischen sowohl wie em-

---

1) Vergl. Strasburger a. d. a. O.

pirischen Gründen an dieser Auffassung des Beobachteten so lange festzuhalten ist, bis das Gegentheil scharf erwiesen ist. Es liegen ihm ausreichende Präparate vor, welche die Annahme der Theilung des Kernkörperchens und der Lage desselben in jenen Basalstücken der Tochterkerne wahrscheinlich genug machen.

Neben dieser Erscheinung hat Verfasser bisweilen ausser den garbenartig gestellten Stäbchen auch noch andere Querstücke bemerkt, die jene gewissermaassen umrahmen und verbinden. Auch liegen ihm Fälle vor, in welchen die Stäbchen vorzugsweise nur eine peripherische Stellung einnehmen. Dadurch gewann dann jeder neue Theilkern die Gestalt eines Korbes, dessen Rand die eben erwähnten Querstäbchen, dessen Boden jene solide Basalmasse vorstellt (**6**, 9, 10).

Der nächste Gestaltungsact besteht nun in dem weiteren Auseinanderrücken der Tochterkerne, sofern der Raum, den der Protoplasmaleib ihnen lässt, dies gestattet. Schon einige der in Bezug auf die Spreizung oben angeführten Figuren zeigen ein einfaches Auseinanderrücken ohne alle weiteren Streifungen oder sonstigen Zeichnungen (**4**, 3, 4, 5; **5**, 5). Nach obiger Darstellung hatte sich aus dem zarten Schlierenknäuel ein Ballen derberer wulstiger Schlingen, aus diesem eine Gesellschaft stabförmiger Körperchen gebildet, die sich alsdann in zwei Reihen oder Gruppen sonderte. Dabei sei noch bemerkt, dass, zumal wenn die Gruppirung der Stabkörperchen stark in die Breite gezogen erscheint, so dass die aequatoriale Ausdehnung derselben die polare übertrifft, diese letzte dagegen durch die von den Stäbchengruppen aus- und beiderseits polwärts zusammenlaufenden zarten Streifen eingenommen wird, diejenige Erscheinungsform auftritt, in welcher Strasburger die äquatoriale Gruppirung mit der Bezeichnung der „Kernplatte“ belegt. Immerhin birgt diese nach Auffassung des Verfassers die Hauptmasse und das wichtigste Stück des in Theilung begriffenen Zellkernes und wird daher wohl besser einfach als solches selbst, denn als ein besonderes Gebilde aufgefasst, das sich vom eigentlichen Kern geschieden habe. Viele der bisher mitgetheilten Gestalten sprechen freilich dafür, dass oft die Differenzirung der Stabkörperchen in der Aequatorialebene des Kernes zwischen den meridionalen Streifen-Systemen mit einer schmalen Schicht von Körnchen oder Stäbchen beginnt, wie z. B. Fig. **3**, 9 zeigt, die dann allmählich an Ausdehnung in der Polar-Richtung, an Zahl und Länge der Körperchen und somit an Masse gewinnt. Allein dies ist gleichwohl nur ein Uebergangszustand und kein fertig gesondertes Gebilde. Auch bildet sich diese Plattenform keineswegs immer gleich deutlich heraus, vielmehr bleibt sie wohl ebenso oft ganz und gar aus, und die rundliche oder ellipsoidische Kerngestalt zerklüftet sich einfach in zwei Hemisphären, deren stäbchenförmige Glieder alsbald gegen die entstandene äquatoriale Kluft spreizen und so zu sagen auseinanderblättern (**4**, 3, 4, 5, 6, 9, 10; **5**, 5). Verfasser möchte demnach ein so grosses Gewicht auf diese Bildungsform nicht legen, ob er sie gleich auch bestätigen kann.

Mag aber der Zellkern nun zuerst die Form einer plattenartigen Ausdehnung in äquatorialer Richtung angenommen oder sich einfach alsbald in zwei halbkugelige Massen zerlegt haben, so beginnen seine Hälften nunmehr auseinanderzurücken und dabei häufig eine Erscheinung von ausnehmender Zartheit und Zierlichkeit zu zeigen, welche mit Recht von Strasburger mit Nachdruck hervorgehoben ist. Zwischen den auseinanderrückenden Phalangen von Stäbchenkörpern dehnen sich nämlich überaus feine Streifen über die Kluft und halten beide optisch zu einer Einheit verbunden. Dem Anschein nach ziehen sie aus einer zur anderen Kernhälfte hinüber, oft zahlreich, oft weniger, oft im Mantel des Kernellipsoids deutlicher als in seinem Innern (**4**, 11, 13; **6**, 4, 5, 8, 11; **7**, 4, 6, 8.). Ob sie zwischen den Stäbchenenden hervortreten, oder von diesen selbst ausgehend je ein diesseitiges mit einem jenseitigen verbinden, wie es oft aussieht, lässt sich mit Sicherheit noch nicht feststellen. Wäre letzteres überall der Fall, so könnte man meinen, dass bei der Zergliederung der ehemaligen Schlingen in die stäbchenförmigen Theile an den Trennungsstellen doch eine stoffliche Verbindung schwächerer Art übrig geblieben wäre, welche nun vermöge protoplastischer Dehnsamkeit zu solchen immer längeren und immer feineren Zwischenfäden ausgereckt würde. Dafür spräche auch noch, dass oftmals statt der continuirlichen Linien entsprechend hinüberlaufende Reihen feiner Körperchen zu sehen sind, die jene vertreten. Zuweilen sind Fäden und Körnchenreihen in demselben Theilungszustand nebeneinander sichtbar, wie z. B. das Präparat **4**, 11 recht deutlich erkennen lässt. Immerhin machen auch diese Streifungen beiderlei Art mehr den Eindruck dichterer Schlieren in weniger dichter Grundmasse als den herausgesonderter selbstständiger fester Körper. Dass es solche seien, und die Zwischenräume zwischen ihnen lediglich einen flüssigen „Kernsaft“ enthalten, das anzunehmen hat Verfasser bei seinen Beobachtungen keine genügenden Gründe finden können. Der flüssige Zustand der Zwischensubstanz wäre nur durch entsprechende Bewegungen in derselben erweisbar. Solche sind, wie Verfasser glaubt, bisher noch in keinem Zustand des Kernes in den Zwischenräumen seines dichteren Schlieren- oder Fadensystems wahrgenommen worden. Selbstverständlich ist ein sehr fein zwischen die Theilchen der Kernsubstanz vertheiltes Enchylem sicher anzunehmen. Wohl aber spricht die ganze erörterte Erscheinung dafür, dass eine zwischen den auseinanderweichenden Kernhälften zurückgebliebene Menge von Kernsubstanz durch die Entfernung derselben von einander ausgereckt, vielleicht dabei unter Wasseraufnahme verdünnt, endlich zerrissen und wahrscheinlich zu halb und halb von den nun hergestellten Tochterzellkernen heran- und in ihre Masse hereingezogen werde.

In dem Zustand, der eben geschildert ist, gewährt nun der gesammte Theilungskörper noch einmal ein sehr eigenartiges Bild. Zwischen den von einander getrennten Kernhälften oder Tochterkernen mit ihren meist noch deutlichen Stäbchen-Phalangen spannen sich die zarten Linien hinüber, in der Axe gerade, am Umfang der Erscheinung, dem Ellipsoidmantel folgend, gekrümmt verlaufend. Verfasser möchte dies sich bietende Bild mit einem Erdglobus vergleichen, dessen Polarzonen von dichterer, dunkler aussehender Masse erfüllt durch ein fein gezeichnetes Meridiangitter verbunden sind (**6**, 4, 5, 8; **7**, 4, 8 u. s. w.). Dies Bild wird dann im nächsten Stadium vielleicht noch passender erscheinen.

Schon bevor diese meridionale Streifung schwindet, die Zweitheilung der gesammten Kernmasse also vollzogen ist, werden nämlich nicht selten zwischen den Fadenstreifen Protoplasmatheilchen zusammengebracht und in eine äquatoriale Schicht geordnet, was auch ebenso schon frühzeitig im gesammten Zellenleib eingeleitet zu werden pflegt. Diese Theilchen, zuweilen in Reihen geordnet, bereiten nun die definitive Zertheilung der ganzen Mutterzelle vor (**6**, 11). Dabei scheint es, dass die Bildung solcher äquatorialen Trennungsschicht bald früher im Kern, bald früher in der Umgebung desselben quer durch die Zelle zur Vollendung kommt. Nicht selten tritt sie erst ein, nachdem mit den heut zur Verfügung stehenden optischen Hülfsmitteln eine Streifung zwischen den Tochterkernen gar nicht mehr zu finden, deren Individualisirung mithin fertig gestellt ist. Mit der Entfernung der Theilkerne von einander und ihrer Annäherung an die gegenüberliegende Seite schwindet allmählich die polare Streifung der Spindelpole, diese selbst werden undeutlicher und gehen in andere Formen über. In der Trennungsschicht tritt inzwischen eine äquatoriale Durchklüftung und innerhalb dieser eine Ausscheidung von Cellulose ein, die bis zum Ausbau der doppelten Zwischenwand fortschreitet. Bevor diese statt gehabt hat, zeigen Präparate, deren Protoplasmasystem durch die Präparation selbst etwas contrahirt ist, dann leicht die mittelst Durchklüftung der Theilungsschicht des Protoplasmas hergestellte doppelte neue Protoplasmawandbildung, durch welche nun beide Tochter-Primordialschläuche eher fertig hergestellt sind, bevor noch die Zellwand deutlich constituirt erscheint. So zeigen es die Bilder **4**, 12_2, 12_4p; **5**, 8y; **7**, 11, 12 und andere. Die neue Zellwand ist dann in den Präparaten **4**, $12_{3,4}$ u. s. w. sichtbar. — Ueber diesen Vorgang sei übrigens hier auf Strasburger's eingehende Mittheilung sehr verschiedener Fälle verwiesen. Für vorliegenden Zweck handelt es sich wesentlich nur um das Benehmen der Protoplasmaglieder und vorzugsweise des Zellkerns, der nun noch auf dem Wege seiner Rückbildung in den Anfangszustand zu begleiten ist.

Sobald die völlige materielle Trennung der Tochterkerne anzunehmen ist, — auch wohl schon früher, wenn noch die Zwischenlinien sichtbar sind —, sieht man statt der Stabkörperchen wieder eine Bildung eintreten, welche die Rückkehr anzeigt. Es erscheinen nämlich an Stelle derselben, mehr oder weniger in Reihen geordnet oder wenigstens in der Stäbchen-Richtung (senkrecht oder etwas geneigt gegen die Trennungsfläche) orientirt, nunmehr kürzere Streifchen. Ob dieselben unsichtbar zusammenhängen oder nicht, ist nicht sicher zu sagen. Alsdann treten immer kleinere, endlich nicht mehr orientirte Fleckchen auf, bis die Physiognomie der Kerne die frühere Körnelung wieder erreicht hat. Es bleibt einstweilen noch unsicher, ob die Stabkörperchen sich wieder, gleichsam wie Draht, zu dünnen Fäden ausrecken, winden und zusammenknäueln, oder ob sie in kleinere Bruchstücke, wie es dem Anscheine nach plausibel wäre, zerfallen, oder auf welchem Wege sie sonst in ihre Ruheform zurückkehren. Ebenso wissen wir noch nicht sicher, ob und wie die zarten Fäden und die sonstigen etwa aus der Kernmasse stammenden Substanztheile in die Masse der Tochterzellkerne bei und nach deren Herstellung aufgenommen werden. Dass jedoch wesentlich die ganze Stoffmasse des mütterlichen Zellkerns in die Tochterkerne vertheilt und denselben zu eigen werde, ist überaus wahrscheinlich. Verschiedene Stadien dieser Rückgestaltung zur immer feineren Körnelung werden durch die Bilder **4**, 12₄p, 15, 17; **6**, 7, 11, 12; **7**, 1, 7, 9, 10, 11 anschaulich gemacht. Die Figur **5**, 1 zeigt bei a zwei neue, eben in den normalen Zustand getretene Tochterzellen, bei c eine neue Umgestaltung des Kernes.

Fragt man sich während der Betrachtung aller der Umbildungsstationen wiederum, ob denn nun der Kern dabei wirklich von eigener aus Kernsubstanz gebildeter Membran bekleidet, oder ob er lediglich von der protoplasmatischen Tasche eingehüllt sei, so erscheint die Antwort darauf noch nicht ertheilbar. Bald spricht das mikroskopische Bild dafür, bald dagegen. Und aus anderen Umständen sind sichere Schlüsse darüber auch noch nicht zu machen, so gerne man ein so vornehmes Organ nicht nackt ohne eigene Haut sehen möchte. Hier wie in Bezug auf den ganzen Entwicklungsgang giebt es wiederum noch viel klar zu legen und mancherlei Abweichendes in den Einzelbildern, sei es unter gemeinschaftliche Regel zu bringen, sei es als Ausnahme zu erkennen.

Während dieser rückläufigen Gestaltung vollendet sich, wie gesagt, früher oder später die ganze Zelltheilung, die Tochterkerne nehmen mit ihrem früheren Ansehen auch die frühere Grösse wieder an und gelangen auf irgend einem Wege auf ihren zeitlichen Ruheposten zurück. (Vgl. die schon oben citirten Abbildungen von T. **3** und T. **4**, 16—19.)

Dieser selbst kann verschiedene Lage haben. Bei Gewebezellen, die schon genügend weite safterfüllte Zellräume haben, um der inneren Bewegsamkeit des Protoplasmaleibes Spielraum zu geben, liegt der Zellkern, — wie Verfasser zur Zeit aus vielen Beobachtungen annehmen muss —, so lange die Periode lebhafter Zelltheilung überhaupt dauert, zwischen je zwei einzelnen Theilungsacten in Ruhe, während seine Zelle ihre mütterliche Grösse zu erlangen bestrebt ist. Diese Ruhelage ist meist eine bestimmte. Im reihenweis entwickelten Parenchym dikotyler Zweigspitzen findet sie, wie schon oben gesagt, an den älteren Querwänden der Tochterzellen statt, dem Nachbarkern gegenüber. Man erblickt dann reihauf reihab je zwei der jüngst entstandenen Zellkerne, nur durch die Aussenwände (Mutterzellwände) jedes Paares getrennt, nahe bei einander liegend. In anderen Fällen, z. B. in manchen monokotylen Geweben, liegen die Kerne in der Ruhe oft der Mitte der Längswand an, und zwar durch ganze Gewebsmassen an den gleichliegenden Wänden. In den langgestreckten, z. B. jungen Holz- und Cambium-Zellen, liegen die Zellkerne ebenfalls gern einer Längswand an, in den Epidermis-Zellen und denen mancher Trichome dagegen auf der nach dem Innern zu liegenden Grundwand. In den chlorophyllführenden Zellen liegt der Kern irgendwo an der Wand, in den Spaltöffnungszellen, vielleicht ausnahmslos, unmittelbar neben dem Spalt. Endlich liegen in vielen Zellen die Kerne auch in der Ruhe in der Mitte, so zumal in denen der Befruchtungsorgane, die den eigentlichen Befruchtungszellen vorhergehen oder deren Umgebung bilden, in vielen anderen meristematischen Zellen mit noch solidem Protoplasmaleib, endlich auch in älterem Parenchym mit weiten Zellen z. B. bei *Equisetum*. Dabei kann man auf der Rückwanderung vom Theilungsact begriffene neue Tochterzellkerne, wenn sie, wie oben erwähnt, mitten durch den Raum gehen, zufällig dabei antreffen, dass sie scheinbar im Mittelpunct ruhen, zumal wenn sie in dem oben erwähnten dicken, dichten, substanzreichen, oft säulenartigen Axenband stecken, von dessen Masse dann oft die Kernmasse nicht zu unterscheiden ist. Die Fig. 16—19 der Taf. **4** geben davon charakteristische Bilder. Sobald der Kern an seinem Ort an der Querwand zur Ruhe gekommen, zieht sich die Hauptmasse des Bandes ihm nach in den Primordialschlauch (**3**; **4**, 16—19 bei w und z). Doch bedürfen alle diese nur auf beschränkte Zahl von Beobachtungen sich stützenden Angaben noch sehr der Bestätigung und Vervielfältigung.

Mit den Ruhezuständen wechseln dann, — ob in allen Geweben, ist noch nicht ermittelt —, zumal in ganz oder fast erwachsenen, sich nicht mehr theilenden Zellen, jene oben geschilderten Perioden, während welcher der Zellkern im Zellinnern die eigenthümlichen Wanderungen ausführt. Dass der Zellkern zu verschiedener Zeit indessen mancherlei Geschäft in seinem kleinen Revier zu verrichten und dabei die Fähigkeit habe, sich jeder Zeit dahin zu begeben (oder besser dahin schleppen zu lassen), wo seine Einwirkung nöthig ist, findet durch die besprochenen Theilungsvorgänge wieder eine gewichtige Bestätigung.

Ueber die Kräfte freilich, welche dabei in Wirksamkeit treten, wissen wir zur Zeit nichts. Und es kann zu nichts führen, sich abstossende und anziehende Kräftewirkungen von den Gliedern des Zellkernes oder allerlei unfassbare Polaritäten zwischen denselben auszumalen. Das hiesse nur, ein einfaches Räthsel durch ein complicirtes System von Räthseln zu ersetzen. Verfasser glaubt indessen einstweilen an der Ansicht festhalten zu sollen, dass der Zellkern selbst für Ortsbewegungen passiv ist und sowohl ganz als in Hälften zerlegt mittels der Bänder des activen Protoplasmaleibes oder dessen sonstige Masse umhergeführt wird. Der ganze Protoplasmaleib besitzt eine Eigenbewegsamkeit, deren letzte Kräftequellen wir noch nicht kennen, die aber mit polaren Wirkungen nichts zu thun haben und durch Gleichnisse mit solchen nicht aufgeklärt werden können. —

In den oben erwähnten Zellgewebsformen, in denen die Zelltheilungen so schnell auf einander folgen, dass die Neuzellen keine Zeit haben, sich zu weiten, sondern nur eilig zu immer neuen Spaltungen schreiten, wird das ganze Schauspiel der Kernumbildung und Theilung in nicht so reicher und eleganter, sondern in viel einfacherer Ausstattung in Scene gesetzt. So finden sich wohl Stadien des Ueberganges vom Bild der Körnchenstructur zu der der derberen Schlierenwindungen, ob es aber immer zur Bildung wirklicher Stabkörperchen kommt, ist zweifelhaft geblieben. Man sieht neben Zellkernen von feinerer und gröberer Schlierenbildung solche, die zerklüftet sind, ohne orientirte Stäbchen-Phalangen, noch fädige Zwischen- und Polarstreifung der Globus- oder Spindelform erblicken zu lassen. Es erscheint nicht unmöglich, dass die Raumbedrängniss die Umlagerung, Streckung und Dehnung der Korngliederungen nicht zulässt. So mag sich der Kern zu einfacherem Gestaltungsverfahren, zu Durchklüftung der noch gewundenen Schlingen genöthigt sehen. Und es unterbleibt die Spindelbildung mit polaren Streifen, da der Kern, an sich fest eingebettet, nicht aufgehängt zu werden braucht. Auch die Fadenbildung zwischen den Kernhälften kann nicht eintreten, weil diese nicht so weit auseinander weichen können, um die restirende Zwischensubstanz drahtartig zu deutlichen Fäden auseinander zu ziehen. Gleichwohl findet man hin und wieder Spuren dieser Bildungen. So haben die Theilungsvorgänge bei der Bildung der Spaltöffnungszellen der *Hyacinthe* (5, 8, bes. die Zellen d und f) dergleichen ziemlich deutlich gezeigt, nur dass bei der grossen Enge der jungen Spaltzellen von einer rechten Spindel- oder Globusform natürlich nicht die Rede sein kann. In sehr jungem Theilungsgewebe sehr verschiedener Organe, wo die Kerne allein fast den ganzen Raum des Zellenleibes einnehmen, und das Protoplasma nur an dem Umfang zusammengedrängt wird, findet man am wenigsten Spuren der geschilderten Gestaltungen. Ob nun zwischen den verschiedenen Erscheinungsformen dieses Processes so viel Zwischenstufen und Uebergänge sich finden werden, dass doch alle gewissermassen einer Gesammtregel folgen? Oder ob man später einmal wird mehrere Typen von Theilungsvorgängen bestimmt unterscheiden können, mit oder ohne Stabkörperchenbildung, mit oder ohne Fadenschlieren und spindel- oder körnchenartiger Gestaltung? Dies müssen zukünftige Beobachtungen lehren. Die rechen- und garbenförmige Gruppirung sehen oft verschieden genug aus, zumal wenn bei jener sehr zarte, bei dieser dicke, fast keulenförmige Stabkörperchen auftreten. Auch sprechen die zootomischen Beobachtungen zur Zeit noch für wirklich verschiedene Gestaltungstypen. Gleichwohl ist es entschieden verfrüht, schon jetzt, wie Strasburger versucht, ein systematisches Schema der verschiedenen Vorkommnisse aufstellen zu wollen. Dafür ist unser Horizont dieser Erscheinungen und die Zahl der innerhalb desselben ausreichend bekannten Einzelfälle noch zu gering. Warten wir geduldig, bis wir mindestens noch einige Tausend Beobachtungen mehr vor Augen haben.

Die geschilderten Vorgänge der Umgestaltung und Theilung der Zellkerne und Zellenleiber sind jetzt wesentlich aus Beobachtungen an Gewebezellen von *Polygonum*, *Begonia*, *Paeonia*, *Aster*, *Hyacinthus*, *Fritillaria*, *Equisetum* zusammengestellt. Die Verschiedenheit der gewählten Pflanzen an sich und der Vergleich mit den Beobachtungen Strasburgers, die der Mehrzahl nach an fructificatorischen Zellen angestellt sind, lassen indessen eine sehr allgemeine Verbreitung dieser Verfahrungsweise im Pflanzenreich vermuthen, welche Vermuthung durch die Aehnlichkeit mit den entsprechenden Vorgängen in thierischen Geweben, wie solche besonders neuerdings von Flemming und Schleicher so eingehend erläutert und durch so gute Abbildungen dargestellt sind, noch erheblich an Wahrscheinlichkeit gewinnt. Dass Verfasser früher die jetzt vor Augen liegenden Thatsachen nicht wahrgenommen hat, liegt eben auch wesentlich an der relativen Seltenheit der Theilungsstadien zwischen denen der Ruhe. Ob die damals beobachteten Stadien sich nun auf die Zeit dicht vor und dicht nach der Theilung zurückführen lassen, ist nicht mehr sicher zu entscheiden. Auch jetzt hat Verfasser derartige Fälle sehr zahlreich gesehen und möchte sie so deuten, um so mehr, als er nachträglich an einigen vor 9 Jahren gemachten Präparaten noch jetzt einzelne Zustände von Kerntheilung, wie sie hier geschildert ist, gefunden hat. Dennoch sind auch wohl damals vorliegende einfachere Theilungsformen, wie sie eben noch erwähnt sind, der Grund des Uebersehens gewesen. Immerhin werden sich noch sehr zahlreiche und wichtige Abweichungen in der Theilungsweise und in allen übrigen Bewegungserscheinungen des Zellkernes und des ganzen Zellenleibes herausstellen, deren Enthüllung noch lange Zeit die eingehendste Forschung erfordern wird. Es mag z. B. noch als Beleg hierzu die Menge der Erscheinungsformen erwähnt werden, welche die Gattung *Equisetum* (*arvense* und *maximum*) dem Verfasser geboten haben. Sprosse, welche die Köpfe so eben aus der Erde strecken, zeigen im inneren Parenchym ihrer jüngsten Stengel-Internodien ein so überraschend schönes und mannigfaltiges Bild verschiedener Stellungs- und Theilungszustände des Zellkernes, dass diese Pflanzen nicht genug zur Beobachtung, die auch nicht ohne Erfolg an noch lebenden Zellschichten statt haben kann, zu empfehlen sind. Man wolle die verschiedenen Figuren der siebenten Tafel, besonders aber Fig. 3—8 vergleichen. Dieselben sprechen für sich selbst, ohne dass Worte darüber nöthig sind. Fig. 6 und 8 scheinen dem Verf. besonders interessant; jene durch die über die convergirenden Meridiane sich in die Breite erstreckenden Tochterkernmassen; diese wegen der merkwürdig parallel und grade verlaufenden Zwischenlinien. Dass diese Verschiedenheiten auf demselben Schnitt sichtbar werden können, dürfte die beste Warnung vor verfrühter Schematisirung sein und die auch bei diesen Vorgängen herrschende Mannigfaltigkeit und Freiheit der Gestaltsamkeit in ein helles Licht setzen. Noch sei hier auf das regelmässige Vorkommen von mehr als 2 Kernkörperchen in den Kernen aufmerksam gemacht (7, 2).

Wie die jungen Sprosse des grossen schönen *Polygonum*, das durch die Gärten unter dem Namen *P. Sieboldi* (eigentlich *P. cuspidatum* S. et Zucc.) verbreitet ist, äusserlich mit den Schachtelhalm-Sprossen Aehnlichkeit haben, so bieten sie auch ein ähnlich günstiges Object für unsere Beobachtungen. Die überaus stark entwickelten Massen des Markparenchyms, das leidlich durchsichtig ist, lassen schöne Theilungszustände, freilich nur spärlich eingestreut, beobachten. Es ist dem Verfasser nun in einem Falle gelungen, einen solchen, der besondere Aufmerksamkeit zu verdienen schien, bei sehr starker Vergrösserung in zwei Ansichten zu porträtiren. Auf Taf. **6** stellt Fig. 10 die perspectivische äussere Ansicht, Fig. 9 den optischen Mittelschnitt eines mittleren Theilungszustandes eines Parenchymzellenkernes dar. Der Vergleich lehrt, dass der Zellkern, in seiner Protoplasmatasche wohl geborgen, seine Halbirung ungefähr vollzogen, und jede Hälfte dabei sonderbar genug die Form eines Korbes angenommen hat. Auf dichter, nichts desto weniger in der Axenrichtung gespaltener Grundmasse, die nach unserer Ueberzeugung das neue Tochterkernkörperchen birgt, aufgesetzt, spreizen die Stabkörperchen zu je einer peripherischen Kranzstellung, das Innere freilassend. Im Aequator sowohl als um jede Polarmasse erscheint ein Ring von querlaufenden Stäben oder Wülsten. Dadurch eben kommt die Korbähnlichkeit besonders zu Stande. Das Innere durchziehen feine Streifen, vielleicht die Anfänge der später sich reckenden, besprochenen feinen Streifen. In der Aequatorialfläche bereitet sich eine Stoffansammlung oder eine Klüftung vor. Auch durch die Zelle ist die Theilungsschicht angelegt. Beachtenswerth erscheinen dem Verfasser noch die kegelförmig sich aus dem Primordialschlauch unten und oben erhebenden Protoplasmamassen, die den Kern in der Axe tragen, und die nicht gegen den Kern con- sondern divergirend gestreift sind. Wir enthalten uns jeder Deutung dieses Bildes, bis es durch ähnliche besser verständlich wird. — Eine ähnlich auffallende und künstliche Bildung scheint der Kern einer Hyacinthenzelle (**5**, 7) anzudeuten, der freilich nur bei schwächerer Vergrösserung beobachtet ist. Zwischen seinen starken Polarmassen, die mit kurzen Stäbchen gekränzt erscheinen, ist aus Längs- und Querstäbchen eine Art von Gitter construirt.

Wir sind nun überhaupt nicht etwa durch diese erwähnten Ergebnisse der Erledigung und schliesslichen Aufklärung dieses Forschungsgebietes nahe gerückt, sondern müssen im Gegentheil erkennen, dass wir eben auf der Schwelle angelangt nur einen spähenden Blick in die ganz unbekannten Weiten desselben geworfen haben. Leider dürfte zur Zeit unsere optische, technische und mikrochemische Ausrüstung der nun vorliegenden Aufgabe noch recht wenig gewachsen sein. Die optisch sichtbaren Structurverhältnisse sind grossentheils so fein, dass sie sich hinter die Grenze der Sichtbarkeit verlieren. Durch Reagentien und Tinctionen wissen wir die Differenzen in denselben nur theilweis erkennbar zu machen. Wir müssen annehmen, dass ausser dem Wenigen, was wir von dieser feinen Gliederung des Zellkernes jetzt sehen, sich viel mehr, ja das Wichtigste, unserem heutigen, wie immer verstärkten Sehvermögen noch gänzlich verbirgt. Und nicht nur die Kleinheit der Gegenstände, sondern auch die Seltenheit der gewünschten entscheidenden Zustände erschwert die aufzuwendende Forschungsarbeit gewaltig. Hundert und aber hundert Zellen durchsucht man oft, ehe man, zumal in Geweben der vegetativen Organe, überhaupt in Theilung begriffene oder derselben zuschreitende Zellen ausfindig macht, woraus zu folgern ist, dass zwischen zwei kurz und lebhaft ausgeführten Theilungsacten immer längere Ruhepausen eintreten, zum Wachsen der Neuzellen bestimmt. Nur seltener findet man auf einem Schnitt die sich zu einem Bildungsturnus vereinigenden Bilder neben einander gestellt. Am leichtesten, wie schon Strasburger angiebt, in heranwachsenden Befruchtungsorganen. Aber immerhin darf sich der auf diesem Gebiet Suchende Geduld und Mühe nicht verdriessen lassen. Und was nun gar die auf dieser feinen inneren Gliederung des Zellkernes und deren Umbildung beruhenden, mit einander wechselnden Verrichtungen betrifft, so sind diese erst recht noch in ein tiefes Dunkel gehüllt, dem kaum eine schwache Vermuthung sich nahen kann.

Gewiss aber muss das ganze Schauspiel das theoretische Ansehen des Zellkernes erheblich steigern. Ist der Zellkern nicht die Centralstelle der gesammten Lebensthätigkeit der Zelle, der Empfängnissort der Reize, die sie treffen, der Ausgangspunct derer, die sowohl in ihr als von ihr aus wirken? ein Centralorgan, dem Hauptganglion oder dem Gehirn im zusammengesetzten Thierorganismus vergleichbar? Das sind Fragen, die sich bei der Betrachtung aller der Vorgänge unwillkürlich und mit Berechtigung aufdrängen.

Es hängt nun aber die Form von der Verrichtung des Werkzeuges ab und umgekehrt. Complicirte Maschinen thun feine Arbeit. An der Gliederung hängt die Vertheilung der Qualitäten, der Quellen und Angriffspunkte von Kräftewirkungen. Die Zertheilung der Gliederung eines Individuums zur Herrichtung von deren zwei dürfte die gleichlaufende Vertheilung der mütterlichen Fähigkeiten mitbedingen helfen. Die Anschauung, dass der Keim jedes organischen Neuwesens an sich schon ein „organisirter", d. h. gegliederter, in sich differenzirter sein muss, gewinnt neue starke Stützpuncte.

Und damit hängt denn auch der Fall der Ansicht zusammen, dass irgendwo, selbst in einer schon existirenden Zelle, eine Neuzelle um einen aus formlosem Schleim neu zusammengeballten Kern entstehen könne. Verfasser hat seit Jahren in seinen Vorlesungen ausgesprochen, dass es freie Zellbildungen im alten Sinne schwerlich irgendwo gebe, dass vielmehr alle genauer bekannten Formen derselben auf Theilung oder auf Abgliederung lebendiger Theile aus einem lebendigen Protoplasmaleibe zurückzuführen seien. Derselbe ist erfreut, nunmehr auch von einem so tüchtigen Beobachter wie Strasburger die gleiche Ansicht angenommen zu sehen.

Nicht lange, so wird auch der Rest der Anschauung gefallen sein, dass alte Zellkerne sich auflösen oder zerfallen und aus ihrem Schutt deren neue selbständig als Phönixe aus der Asche entstehen, welcher Vorstellung Verfasser noch niemals beizutreten vermocht hat, vielmehr seit langen Jahren in seinen Vorlesungen die Continuität der Zellkerngenerationen durch Theilung selbst für die Fälle, in denen die Beobachtung noch fehlt, als wissenschaftliches Postulat vorgetragen hat. Ein starkes Aufquellen einer Zellkernmasse durch Wasseraufnahme, ein dadurch veranlasstes Durchsichtig- und Unkenntlichwerden zumal seiner Grenzen ist kein Auflösen, selbst wenn es mit lebhaftem Substanzaustausch mit der Umgebung und zeitlicher Verwischung der Grenzen verbunden ist. Die Individualität kann dabei nach innerer Gestaltung, Qualität und wesentlicher Stoffmasse unversehrt bleiben. Die scheinbare Neuanlage von Kernen neben solchem vermeintlichen zergangenen Kernleichnam wird wohl überall weiter nichts sein, als eine nach den Polen sich vollziehende Zusammennahme und Wiederverdichtung der gequollenen Masse nach deren Theilung, ähnlich, wie in obiger Schilderung. Es bildet sich sicher nichts Organisches von selbst aus amorpher Masse, sei sie sonst noch so passend und noch so plastisch. Nur gestaltete Organe gliedern thätig neue aus ihrem Körper ab, in gestaltetem Zustand.

Wenn man aber im Zellkern hiernach den Träger sehr wichtiger, kaum entbehrlicher Functionen, etwa gar einen wesentlichen Erbschaftsvollstrecker zwischen Zellgenerationen anerkennen wollte, was thäten dann die kernlosen Zellen? Antwort dürfte sein: Sie hören auf zu existiren. Unter der Gesammtzahl der Phanerogamen und höheren Kryptogamen ist sicher keine, die zu irgend einer Zeit eine kernlose Zelle besitzt. Wo man in solchen den Kern noch vermisst, kann man ihn wegen verschwommener oder verdeckter Umrisse nicht sehen. Die Zahl der noch auf niederem kryptogamischen Gebiet zugelassenen kernlosen Zellen wird alle Tage kleiner und ist eben wieder durch Beobachtungen von Fr. Schmitz [1]) an einer Anzahl bisher kernloser Algen, welche derselbe sogar mit mehr als einem Kerne ausgestattet findet, erheblich vermindert worden. Auch haben seitdem E. Schmidt [2]) und Treub [3]) in den Milchsaftschläuchen von *Euphorbia* zahlreiche Zellkerne nachgewiesen. Verf. hält die Kernlosigkeit schon lange für zweifelhaft (vgl. frühere Mittheilung (1870) S. 232 resp. 15). Kaum die bescheidensten der einzellebigen kleinen Zellchen dürften sich den Luxus eines Zellkernes für immer versagen. Mit Hülfe gewisser Tinctionen, die auch eben Schmitz jetzt mit Glück angewendet hat, zumal Hämatoxylin, welches speciell das Nuclein etwas anders färbt als das Protoplastin, wird man bald weiter mit solchen Zweifeln aufräumen. Die offenbar mit der Substanz des Gesammtprotoplasmas nicht ganz übereinstimmende Zellkernmasse wird, da sie manche Tincturen anders aufnimmt und sich gegen manche Reactionen etwas anders verhält, weiterem Nachweis zugänglich werden. — Die hierdurch leichter zwischen den übrigen Protoplasmagliedern erkennbaren Zellkerne haben denn nun auch zierliche Bilder von Theilungsfiguren finden lassen. Dieselben erscheinen theils den vorstehend geschilderten mehr oder weniger ähnlich, theils als Vereinfachungsformen derselben, zuweilen als fast ganz einfache Zerklüf-

1) Fr. Schmitz, Beobachtungen über vielkernige Zellen der *Siphonocladiaceen* (in der Festschrift zur Jubelfeier der Hallischen naturforsch. Gesellschaft) und in den Berichten der niederrhein. Ges. f. Natur- und Heilkunde, Sitzung v. 5. Mai 1879.

2) Vgl. den Bericht von Fr. Schmitz in den Sitzungsberichten der niederrh. Ges., Sitzung am 4. August 1879. p. 29.

3) Treub, Sur la pluralité des noyaux dans certaines cellules végétales. Comptes rendus du 1 septembre 1879.

tungen. Dass sie dabei nicht unmittelbar bei der Theilung ihrer Mutterzelle mitspielen, nur durch ihre Vermehrung dieselbe vielleicht vorbereiten, ward ebenfalls beobachtet. Bei *Chara*[1]) sind davon allerlei hübsche Zustände beobachtet, analog auch bei *Tradescantia*[2]). Es ist hier aber nicht der Ort, dieselben weiter zu besprechen. Nur sei erwähnt, dass Treub in den Fällen von *Chara* und anderen ähnlichen in der Zerlegung des Zellkernes keine eigentliche normale Theilung desselben, wie sie behufs der Zelltheilung stattfindet, anerkennt, sondern nur eine, — vielleicht senile oder pathologische — Zerfällung der Kernkörpermasse. Er mag vielleicht Recht haben, doch wollen wir seine „Fragmentation" mit dem deutschen Wort Zerstückelung nicht wiedergeben, da uns der Vorgang diese Bezeichnung noch nicht zu verdienen scheint. —

Im Vorigen ist nun freilich noch manches, was die genannten Zootomen an Thierzellen gefunden haben, für Pflanzenzellen noch nicht festgestellt[3]). Mag dies geschehen oder nicht, so sehen wir doch in der im Allgemeinen so überraschenden Uebereinstimmung einen neuen sehr schlagenden Beweis für die völlige Gleichwerthigkeit thierischer und pflanzlicher Zellen und der Entwicklungsvorgänge derselben vor Augen. —

Es sei noch gestattet, die wesentlichen Züge der besprochenen Vorgänge, wie sie sich als solche in der Anschauung des Verfassers gruppirt haben, kurz zu wiederholen.

Im Zustand der Ruhe zeigen die meisten Zellkerne eine scheinbar feinkörnige, in der That wahrscheinlich schlierig-fädige Structur, einem Knäuel verschlungener und netzartig verknüpfter sehr feiner Glasfäden vergleichbar.

Gegen die Zeit der Theilung pflegt diese Structur an Deutlichkeit und Derbheit zuzunehmen. Die Schlieren oder gewundenen Fäden

---

1) Fr. Schmitz in den Sitzungsberichten der niederrheinischen Ges. f. Natur- und Heilkunde. Sitzung am 4. August 1879.

2) Fr. Johow, Untersuchungen über die Zellkerne in den Sekretbehältern und Parenchymzellen der höheren Monokotylen. Inaug.-Dissert. Bonn. 1880.

3) Vergl. bes. Flemmings Mittheilungen über die Spaltung der Stäbchenkörper und deren wahrscheinlichen Austausch zwischen den Kernhälften a. a. O.

werden dicker, kürzer, und mit ihren Verschmelzungspunkten und Krümmungen schärfer erkennbar.

Alsdann bilden sich daraus durch Abgliederung stäbchenförmige Körperchen, diese sondern sich entweder ohne Weiteres in zwei Hälften, meist garbenförmige polar geordnete Gruppen (deren Stabkörperchen dann oft in der Richtung von den Polen zum Aequator keulenähnlich an Dicke zunehmen), oder sie treten zuerst in einer schmalen äquatorialen Lage auf, welche sich allmählich verbreitert, dann im Aequator selbst sich spaltet und endlich wieder in getrennte Gruppen auseinanderrückt.

Während und nach der Stabkörperchenbildung zeigen die Kerne, — und öfter auch ihre Protoplasma-Umgebung —, eine meridional verlaufende fädige Streifung. Entweder treten diese Streifen zuerst polwärts deutlicher auf, oder es zeigt sich eine ähnliche, oft noch deutlichere Fadenstreifung zwischen den auseinander rückenden Kernhälften. Diese feinen Fäden sind bald zusammenhängend, bald bestehen sie, besonders später, aus kürzeren Bruchstücken, als ob sie gedehnt und dabei zerrissen würden. Zuweilen sind sie nicht wahrzunehmen. Je weiter sich die Kernhälften von einander entfernen, desto mehr werden die Zwischenfäden gereckt oder zertheilt, bis sie endlich verschwinden. Ebenso, öfter schon früher, schwinden die polaren Streifen.

Aus den Stabkörperchen-Gruppen stellen sich die neuen Tochterzellkerne her, nehmen vermuthlich die noch übrige fädig gestreifte Kernmasse in sich auf, runden sich ab und kehren durch Rückbildung der Stabkörperchen zur feineren Schlierenbildung in ihren Anfangszustand zurück.

Die Kernkörperchen hören zwischen den dichteren Stabkörperchen auf, sichtbar zu sein, und lassen sich meist erst in den neu gebildeten Tochterkernen wieder deutlich erkennen, zumal in der dichteren Basalmasse derselben, auf welcher die Stabkörperchen oftmals aufgesetzt erscheinen. Dass sie inzwischen aufgelöst waren, ist nicht anzunehmen, sondern vielmehr, dass sie sich theilen, wie die ganzen Kerne.

Während oder nach der Zertheilung der ganzen Kernmasse in zwei Hälften und Constituirung der Tochterkerne wird in der Aequatorialfläche eine Protoplasmaschicht angesammelt, was zuweilen schon beginnt, wenn noch die Zwischenfäden von einem zum anderen Tochterkerne hinübergespannt sind. Diese, die „Theilungsschicht“ der ganzen Mutterzelle, klüftet sich der gesammten Fläche nach und erzeugt in sich die neue, bald doppelte Zellscheidewand.

Aus der für jeden Fall besonders bestimmten Ruhelage tritt der Zellkern in Zellen, die geräumig genug sind, um ihm eine sichtbare Ortsbewegung zu gestatten, zur Theilung in die Mitte und kehrt nach derselben an seinen Ort zurück, entweder längs der Wand geschleift, oder in einer Protoplasmabahn durch den Raum gezogen. In der Mittellage wird er durch Protoplasmabänder in verschiedener Richtung festgehalten, besonders in polarer, oft durch sehr starke Stränge, deren Anspannung das Bild einer Spindel hervorrufen hilft, und in äquatorialer durch die sich vorbereitende Theilungsschicht.

Neben diesem Gange kommen eine Menge Abwandlungs- und Vereinfachungsformen vor, deren genaueres Studium abzuwarten und zu wünschen ist. —

Zum Schluss mögen noch ein Paar Worte über die Behandlungsweise dieser Beobachtungsobjecte gesagt sein. Nicht Alles ist bequem lebendig zu beobachten. Doch dient die Beobachtung lebender Zustände zur Controle der Beobachtung präparirter und abgestorbener. Behandlung mit starkem Alkohol verändert die Gestaltuug des Protoplasmas nicht wesentlich, wie Strasburger richtig gefunden hat, macht aber oft, zumal bei substanzreichen Zellen durch Gerinnen des klaren Protoplasmas die wesentlichen Objecte allzu undurchsichtig. Verfasser hat gefunden, dass ein Behandeln solcher Alkoholpräparate mit Essigsäure dieselben wieder durchsichtig und klar macht und oft Bilder herstellt, die denen lebender Zellen sehr nahe, fast gleich kommen und lange durchsichtig bleiben. Das Präparat wird dann in verdünntes Glycerin dauerhaft eingebettet, wodurch auch der Kern nicht geändert, öfter freilich der Primordialschlauch etwas zusammengedrückt wird. Noch schönere Präparate erhält man bei vorsichtigem Zusatz von Essigsäure zu noch lebenden Objecten. Dabei lässt sich der Deutlichkeit durch mancherlei Färbung zu Hülfe kommen, und zumal thut eine sehr verdünnte essigsaure Anilintinctur mit Glycerin gemischt sehr gute Dienste. Verfasser stellt diese durch Lösung von 1 Theil Fuchsin und 2 Th. Anilinviolett in Alkohol her, dem etwa $^1/_4$—$^1/_3$ Essigsäure zugesetzt ist. Auf diese Weise erhält man Färbungen der Objecte von jeder beliebigen Stärke. Hierzu kommt denn nun jetzt das von Schmitz vorgeschlagene Hämatoxylin zum besseren Herausfinden der Zellkerne, zumal der sehr kleinen in vielkernigen Zellen.

II. Reproduction und Reduction der Vaucheria-Zellen.

Ueberall im Reichsgebiet des organischen Zellenthums, im Grossen wie im Kleinen, stellen die zur Befriedigung des gleichen Bedürfnisses getroffenen plastischen Einrichtungen morphologische Vervollkommnungsreihen dar. Für immer bessere Erreichung dieser Befriedigung werden immer bessere, — daher auch künstlichere —, Geräthe hergerichtet. So vollzieht sich, wie aus dem Vorstehenden zu ersehen ist, auch die Zelltheilung bald einfacher, bald künstlicher, bald dem Anscheine nach ohne, bald mittelst der alleremsigsten Theilnahme des Zellkernes.

Wer die Reihe dieser Vorgänge ruhig beschaut, überzeugt sich leicht, wie nicht die Zellwand, nicht der Zellkern noch sonst irgend ein einzelnes Glied des Zellenleibes der Sitz des Werdens, Bildens, Gestaltens ist, sondern der Protoplast als Ganzes. Derselbe sorgt, so lange er kann, für Erhaltung und Fortbildung seiner Individualität, giebt diese indessen im Interesse der höheren Persönlichkeit des Gesammtorganismus, sei es durch Selbsttheilung, sei es durch Vereinigung mit Anderen seines Gleichen, sobald es nöthig ist, auf. Er ist befähigt, seine persönliche Existenz gegen gewaltsame An- oder sogar Eingriffe zu vertheidigen, er kann Wunden heilen, er kann allzu verletzte Theile abstossen, er kann endlich sich aus Noth und unter Zwang, so gut wie im gesetzmässigen Gange der Dinge selbst theilen oder sich selbst beschränken. Ebenso aber kann er auch zu eigenem Gewinn gegen andere Protoplasten mit Gewalt angriffsweise vorgehen, selbst sie seiner eigenen Stoffmasse ganz und gar einverleiben.

Die Betrachtung einiger dieser Fälle freierer Gestaltungsthaten von Protoplasten einfachsten Baues schien uns für die Erkenntniss der vitalen Eigenschaften des Protoplasmas erheblich genug, um sie durch Abbildungen erläutert noch einmal ein wenig zu besprechen, ob sie gleich schon bekannt sind. Wir beginnen mit einer allbekannten und allverbreiteten Algengattung.

1. Reproduction der Vaucheria-Sprosse.

Die *Vaucherien* vegetiren als verzweigte Schlauchzellen mit unbeschränktem Scheitelwachsthum. Man spricht denselben der Regel nach in ihren rein vegetativen Schläuchen alle freiwillige Scheidewandbildung ab, welche wesentlich erst bei Abgliederung der Fortpflanzungszellen eintritt. Dass in Folge von Verletzungen die Schläuche sich durch eine Querwand gegen die Wunde zu abschliessen können, ist hin und wieder erwähnt. Nach einer ausführlicheren Darstellung des Vorganges hat Verfasser vergebens gesucht und deshalb schon im Jahre 1872 einige Mittheilungen darüber machen zu dürfen geglaubt [1]).

In einem Rasen von *Vaucheria*, der auf feuchter Erde wachsend aus langen niederliegenden Stämmchen, die oft mit verzweigten Rhizoiden im Boden haften, ihre grünen Enden lichtwärts heben, findet man sehr häufig jene alten, hingestreckten Theile der Sprosse des Protoplasmakörpers entbehrend, dafür von Ort zu Ort mit Scheidewänden begabt. Solche sind unzweifelhaft oft einfach die Folge davon, dass die aufrecht stehenden Sprossgipfel allmählich durch die eigene und ihrer Verzweigungen Schwere herabknicken und dann die dadurch verletzte Stelle abgliedern. Allein wir können diesen Grund nicht als alleinigen ansehen. Vielmehr dürfte wirthschaftliche Sparsamkeit hier mit eine Rolle spielen. Die oberen Theile der Haupt- und Zweigsprosse sind es, welche vegetiren, fortwachsen, sich vermehren. Dazu bedürfen sie der unteren nicht mehr. Diese sind nur noch mechanische Grundlage und brauchen dazu ebensowenig noch lebendig zu sein, als das innere Kernholz älterer Bäume. So zieht sich der lebendige Protoplast allmählich von unten nach oben und schliesst sein langgestrecktes röhrenförmiges Haus unten durch eine neue Wand der Quere nach gut ab. Thun dies auch die Zweige für sich, so werden in gleichem Maass aus einem Stückchen deren viele. Von dem Hyphengespross vieler Pilze ist das ganz gleiche Verfahren vielfach bekannt geworden.

Die Befähigung, sich so abzuschliessen oder auch beim Wachsthum unvermeidliche Brüche unschädlich zu machen findet nun auch eine Aeusserung bei geflissentlich verursachten Verletzungen.

---

1) Sitzungsber. d. niederrheinischen Ges. f. Natur- und Heilkunde 4. Nobr. 1872.

Man ist sonst aus Vergleichung vieler Fälle gewohnt, den Tod eines Zell-Individuums für unvermeidlich anzusehen, wenn sein Protoplasma-Schlauch durchbrochen, mithin die Diffusions-Wirkung desselben gestört ist. Viele Zellen sterben schon nach Verletzung oder Zusammendrückung ihrer Zellstoffwand. Diese Folge hat nun also eine Verletzung bei der *Vaucheria* keineswegs, vielmehr vertheidigt der unverletzt gebliebene Theil ihres lebenskräftigen Innenkörpers seine Existenz mit Hartnäckigkeit. Bei den erwähnten Knickungen der Schlauchwand kann man sich, seien sie in der Natur oder künstlich erfolgt, überzeugen, dass der nur durch den Bruch der Cellulosewand gedrückte, aber nicht eingerissene Primordialschlauch sich sehr schnell wieder von solcher Contusion ausheilt, ja selbst die Zellstoffwand wieder herzustellen vermag.

Ist dagegen ein Theil dieses Protoplasma-Leibes selbst zerstört, so zieht sich das dahinter liegende unzerstörte Protoplasma augenblicklich zusammen und sucht die Wundränder, so weit diese gesund geblieben sind, wieder aneinander zu fügen. Dies gelingt bald leichter und schneller, bald langsam und mit vielerlei Hindernissen. Abgestorbene Protoplasma-Theile werden im einströmenden Wasser aufquellend und sich blähend abgetrennt und in oft wiederholten Explosionen durch die Wundöffnung ausgestossen. Haben inzwischen die unversehrt gebliebenen Ränder des verstümmelten Schlauches Fühlung gewonnen, so haften sie zusammen, verschmelzen und suchen sich in einer nach aussen gewölbten Curve zu verfestigen, gleichsam hinter dem Schutz der Trümmer des zerstörten Theiles. Ist diese Consolidirung gelungen, was im glücklichen Fall schon nach Minuten, selbst nach Sekunden eintreten kann, so bildet sich eine scharfe Aussengrenze, die seitlich in die der Cellulose-Haut angeschmiegte Längsfläche des übrigen Protoplasma-Schlauches übergeht. Dann beginnt an dieser Aussenfläche die Ausscheidung einer neuen Cellulose-Haut, die seitlich der Innenfläche der alten angefügt wird und mit ihr verschmilzt. Bei glattem Durchschnitt des Fadens verheilen beide Stücke für sich oft unmittelbar an dem Wundrande der Zellhaut mit grosser Eleganz. Bei Quetschungen und Zerreissungen dagegen geht oft viel Protoplasma-Substanz verloren, bevor die Heilung mühsam gelingt, und die Wund-Narben nehmen dann zuweilen ganz abenteuerliche Gestalten an.

Man kann einen Faden zugleich mehrfach zerschneiden oder drücken, so vollzieht sich die Heilung doch. Jedes heil gebliebene Stück schliesst sich gleichzeitig nach beiden Seiten durch Wand-Reproduction wieder ab. Selbst ganz kurze Stücke vermögen dies auszuführen. Die verheilten Bruchstücke pflegen seitlich neben den Vernarbungs-Wunden wieder auszuwachsen und fortzuvegetiren.

Das Benehmen des Protoplasmas bei diesem Vertheidigungsverfahren bietet dann im Einzelnen noch manches Bemerkenswerthe. Unmittelbar oder doch in kurzer Frist nach der Verwundung beginnen nämlich sämmtliche, dem Protoplasma-Schlauch meist dicht verbundene Chlorophyllkörper sich von der Verwundungsstelle zurückzuziehen, nach der Mitte der unverletzten Faden-Strecke hin. Auch vom entgegengesetzten Ende des Fadens her, — selbst wenn dies nicht verletzt ist —, thun sie oft dasselbe. Als ob das farblose, reine, durch nichts Anderes belastete und behinderte Protoplasma ungestört sich der Neubildung hingeben müsste, werden sie auf einer langen Strecke vom Orte dieser Thätigkeit gänzlich entfernt. Erst wenn die Ausheilung durch Bildung der Verschlusshaut vollendet ist, kehren sie wieder an ihre alte Stelle zurück und erfüllen auch die Vernarbungs-Gegend gleichmässig.

Dieser hier kurz skizzirte Verheilungsvorgang, dessen Schlussergebniss eine künstliche Zelltheilung ist, wird durch die ersten 6 Figuren der Tafel 8 veranschaulicht. Die erste stellt eine normale unverletzte Schlauchspitze mit regelmässig und normal dem Primordialschlauch anhaftenden Chlorophyllkörpern dar, die selbst bis hart unter die Scheiteldecke der wachsenden Spitze reichen. Nun ist der Querschnitt an der angedeuteten Stelle erfolgt. Aus dem durchschnittenen Protoplasma strömt das Enchylem und reisst Theile festen Protoplastins aus dessen Innerem und Chlorophyllkörper in Menge mit heraus. Der Quellzustand im Zellraum wie im Inneren des Primordialschlauches veranlassen beides. Das geht aber nicht so fort, sondern auf den starken Reiz zieht sich der letztere von allen Seiten her in grosser Eile zusammen, in Bogenlinien, die in der Axe sich absteigend vereinigen. Was einmal aus dem Innern des Primordialschlauchs und des Zellraumes hinausgeworfen ist, kann nicht mehr gerettet werden. Leicht bildet es, sich zusammenballend, wie oben erwähnt, einen Schutzwall, hinter dem es der plötzlich geöffneten Röhre des Protoplasten gelingt, beiderseits ihre Wundränder zu vereinigen. Mit schleunigem Zurückweichen der hinderlichen Blattgrünkörper wird diese Arbeit gefördert, und zierliche Bogenreihen von Mikrosomen deuten die Protoplasmaschichtungen in den sich zusammenkrümmenden Primordialschlauchwunden an. Nach Fühlung von allen Seiten her strebend schwanken die zarten Lamellen hin und her. Immer neue Massen zähen Protoplastins gleiten aus dem Zellenleibe gegen die Wundflächen, bilden immer stärkere Schichten und gelangen im günstigen Fall schon nach wenigen Sekunden unter den Augen des Beobachters zum gegenseitigen Zusammenschluss und Abschluss der geöffneten Theile der Zell-Leibeshöhle. Die äussersten Protoplastinschichten zergehen noch häufig im Wasser, wie die vordersten Glieder einer Angriffscolonne fallen, bis es dem Haupttrupp gelingt, vorzudringen oder gegen den Feind, das allzu dünnflüssige Element des Wassers, doch wenigstens Stand zu halten. Dabei sieht man die immer weiter zurückgejagten Chlorophyllkörper sich dem Schauplatz dieses oft harten Kampfes ums Dasein im Kleinen entziehen. So stellen es die Figuren 1—3 in schematischer, aus zahlreichen Einzelbeobachtungen geschöpfter Darstellung vor Augen. In Fig. 4 ist der Sieg gewonnen, in eleganten Scheitelkrümmungen wölben sich die neuen Aussenhäutchen, von gewaltiger Protoplastinmacht gestützt, und der Abschluss nach beiden Seiten ist sicher befestigt; aber — was bis dahin Eines war, daraus sind nun Zwei geworden!

Der nächste Schritt des Wiederherstellungsverfahrens ist die Ausscheidung von Cellulose. Dieselbe wird auf der ganzen Fläche der neugebildeten Primordialschlauchkappe gleichzeitig ausgeschieden und bis zu der dem verletzten Faden eigenthümlichen Wandstärke verdickt. Beiderseits wölbt sie sich gegen die unverletzt gebliebenen Seitenwände hinab, wobei indessen der Wundrand derselben selbst unberührt und späterem Abwerfen überlassen bleibt. Je weiter die neue Zellstoffablagerung sich gegen die Innenfläche der alten Wunde hinabzieht, desto inniger schmiegt sie sich derselben an, bis sie völlig mit ihr verschmilzt. Nun ist die Verheilung fertig und jedes Individuum für sich wieder vollkommen abgeschlossen und von Neuem leistungsfähig. Da werden nun auch alsbald die normalen inneren Verhältnisse wieder hergestellt, und zwar werden zunächst die zurückgeschickten Chlorophyllkörper wieder auf ihren Posten gerufen. Man sieht sie oft in ziemlich schneller Bewegung wiederum aus der Tiefe des Schlauches her gegen die neue Scheitelwölbung des Hyaloplasmas vorrücken und theils in ihrer früheren Stellung längs der Seitenwand, theils dicht an das neue Abschlussgewölbe heranziehen und sich hier regelmässig wieder aufstellen. Oder vielmehr, sie werden durch das bewegte Hyaloplasma selbst dahin gebracht. So machen das die Fig. 5 und 6 anschaulich. In letzterer ist die neu abgetrennte Scheitelzelle durchaus fertig gestellt.

Aus welchem Grunde das Chlorophyll und selbst das Protoplasma bei der Verletzung und Ausheilung auch von dem der Verwundungsstelle ferngelegenen Scheitel des Schlauches sich oft höchst auffallend zurückzieht, wie dies in Fig. 2—4 dargestellt ist, kann zur Zeit nicht mit Sicherheit gesagt werden. In Fig. 4 ist der nicht seltene Fall eines sehr auffallenden Zusammendrängens sämmtlicher Chlorophyllkörper und eines starken Zurückweichens des Primordialschlauches von der gesund gebliebenen Scheitelwölbung des Schlauches dargestellt. Es scheint fast, dass der durch die Verwundung hervorgerufene Reiz den ganzen Protoplasten in allen seinen Theilen zu einer Concentration und damit zu um so energischerer Thätigkeit anregt. Kehrt das Chlorophyll zur Vernarbungswand zurück, so schiebt sich auch der Scheitel des Protoplasma wieder in den Scheitel des Zellstoffschlauches hinein und zieht das Chlorophyll hinter sich her.

Der ganze Vorgang regt auch noch zu einer andern Betrachtung an. Dass der Primordialschlauch zum Verschluss der Wundmündung seine blossgelegten weicheren und selbst flüssigen Theile alsbald zu membranartiger Wehrschicht verdichtet, kann bei der bekannten Gestaltsamkeit dieses Körpers und der Herrschaft desselben über die Constellation aller seiner Micellen und Molekeln nicht Wunder nehmen. Dass aber alsbald, oft nach wenigen Sekunden, Zellstoff von dem neu gebildeten Stück des Primordialschlauchs ausgeschieden wird, lässt die Frage aufwerfen, woher dieser in dem Augenblick bezogen wird.

Die Längswand der *Vaucheria* pflegt, einmal fertig gestellt, im Vegetationsgang nicht mehr merklich verdickt zu werden. Dass also die Längswand des Primordialschlauchs stets Cellulose bereit halte, wird anderweitig nicht ersichtlich. Es fragt sich also, ob dies in der That der Fall, also unter dem Metaplasma im Inneren des Primordialschlauchs fortwährend eine gewisse Menge Zellstoff vorräthig gehalten werde, oder ob in dem Zellsaft der Leibeshöhle des ganzen Schlauches das dazu erforderliche Amyloid-Metaplasma vorhanden ist, oder ob die erforderliche Zellstoffmenge aus andern Gegenden des Zellenleibes, seinem Scheitel vielleicht, wo Zellstoff zum Wachsthum stets gebraucht wird, herbeigeschafft werde, oder ob endlich die Chlorophyllkörper aus eigener Fabrikation momentan genug davon hergeben können. Aber warum würden diese dann gerade im Augenblick, wo ihr Erzeugniss recht nöthig ist, aus dem Wege geschoben? Das Wahrscheinlichste dürfte sein, dass, wenn auch das Cellulose-Assimilat der Chlorophyllkörper während des normalen Verwachsens des Schlauchscheitels wesentlich alsbald dorthin abgeführt wird, dennoch wohl immer eine ausreichende Menge in allen Theilen des Primordialschlauches vorhanden ist, um schnell in ausreichendem Maasse zum Nothverbrauch an einem bestimmten Ort der Gefahr hin zusammengezogen werden zu können. Das ganze Verfahren wirft ein helles Licht auf die instinktive Selbstständigkeit protoplastischer Thätigkeit, die Wehrhaftigkeit und die Selbsterhaltungsenergie des lebendigen, in vegetativer Vollkraft befindlichen Protoplasten.

Was vorstehend übersichtlich besprochen, sei nun noch durch einige Beispiele belegt, welche durch porträtartige, nicht schematische Figuren wiedergegeben sind.

Die meisten Verletzungen, die man den *Vaucherien* unwillkürlich beibringt, wenn man deren aus einem Rasen zur Beobachtung auf das Objectglas bringt, sind Quetschungen und Brüche, bei denen die Schlauchwand selbst wohl gedrückt, selbst zerdrückt, aber selten zerrissen wird. Ja, sie behält in vielen Fällen Elasticität genug, um, wenn das Schlauchstück nun in den Wassertropfen gebracht wird, dasselbe wieder zu strecken und grade zu legen, so wie es vorher gewesen war. Solcher Brüche mit Verwundung des Primordialschlauches und Verletzung oder Dehnung der Zellwand, aber doch ohne D u r c h r e i s s u n g des Protoplasten, waren z. B. dem Schlauchstück F. **9, 17** an zwei Stellen begegnet, die mit br bezeichnet sind. Bei allen beiden war in kurzer Frist der Bruch ausgeheilt. Ist die Verletzung nicht stark, so heilt dieselbe am Primordialschlauch einfach aus, und es kann dann auch die Zellstoffwand wieder einfach hergestellt und so der Schlauch in seiner Einheit erhalten worden. Dies findet zuweilen deutlich mittels Anlegung einer Verdickungsschicht von Cellulose gegen die gequetschte oder gezerrte Stelle der Schlauchwand von innen her statt und vernarbt dieselbe. Diese fügt sich nach beiden Richtungen von der Narbe aus der einfachen Zellwand ein. Bei stärkerer Verletzung aber trennt sich der Protoplast an der Stelle derselben freiwillig in zwei Theile, die sich gegen einander abschliessen, wie bei **9**, 17 br', welche Quetsch-Verwundung schon nach 8 Minuten abgeschlossen und verheilt war. Bei grösserer Ausdehnung der zerrissenen oder gequetschten Stelle findet stets Trennung der heil gebliebenen Schlauchstrecken von einander und individueller Abschluss derselben für sich statt. F. **9**, 26 zeigt ein Stückchen eines verzweigten Schlauches, bei dem Stämmchen und Zweige nach Erleidung von solchen Insulten sich in einzelne Stücke zerlegt haben. Die Figuren **9**, 11, 15, 16 zeigen noch Beispiele solcher freiwilligen Zergliederungen von Schläuchen, die indessen, da sie zum Theil noch andere Veranlassung haben, noch später zu besprechen sind. Fig. **9**, 7 zeigt eine in Abgliederung und Chlorophyllverschiebung begriffene Schlauchspitze, etwa im Stadium von **8**, 4. Die Fig. **8**, 11 zeigt eine Verheilung nach Quetschung, welche sich mit besonderer Eleganz und Schärfe hart an der Wundstelle so vollzogen hat, dass die Endkrümmungen der neu entstandenen Individuen sich mit ihren Scheiteln berühren und nur sehr wenig Protoplasmasubstanz, die nun in den todten Ecken zwischen neuen und alten Zellwänden liegen geblieben, verloren gegangen ist. Eine ähnlich wohl gelungene Ausheilung der Theilstücke zeigt **8**, 7 (vgl. auch **9**, 6) aus Durchschneidung eines Schlauches hervorgegangen[1]).

Weniger elegant ist die Heilung nach Durchschneidung in den Präparaten **8**, 8 und 9 und **9**, 1 und 3 gelungen. Der Kampf des lebendigen Protoplasten gegen das eindringende Wasser an der Wundstelle hat hier jenem nicht durch Vordrängen einer genügend starken Protoplasma-Colonne gegen den Feind in einfacher Bogenfront gelingen wollen. Vor- und Zurückdrängen des einen gegen den andern hat nicht allein dem Protoplasten stärkere Substanz-Verluste zugefügt, sondern seiner endlichen Feststellung eine mannigfach aus- und eingebogene Form gegeben. In dieser ist denn gleichwohl der Sieg dem lebendigen Protoplasten geblieben und die neue Zellwand hergestellt.

1) Die Primordialschläuche derselben sind durch Behandeln mit Osmiumsäure zwar erhalten, aber durch Glycerin zusammengezogen.

Die Fig. 9, 4 zeigt eine Scene weniger glücklichen Kampfes. In 4a erscheint ein Vorstoss von Protoplasmasubstanz viel zu weit in das Wasser hinausgetrieben und durch Aufnahme von solchem blasenartig aufgetrieben. Unfähig sich zu halten wird er abgetrennt und formirt sich, — wie dies hervorgetretene noch halb lebendige Protoplasmalappen leicht thun —, durch Verdichtung einer Oberflächenschicht zu zwei blasenartigen Kugeln, die eine Weile bei völlig lebensfähigem Aussehen um ihre Existenz kämpfen, bevor sie dann doch platzen und zu Grunde gehen. Hinter diesen Auswurfkugeln sucht der Schlauch-Protoplast in immer neuen abenteuerlichen Gestaltungen weiter eine neue Umwallung zu erkämpfen. Ob es im abgebildeten Fall gelungen ist, kann Verfasser nicht sagen. — Einen ähnlichen Zustand noch unentschiedenen Kampfes bildet Fig. 8, 10 ab, wo ein unglücklich langer Vorstoss sich zu befestigen sucht und in der That schon eine schärfere Protoplasmaumgrenzung gewonnen zu haben scheint. Dennoch ist der Erfolg auch noch zweifelhaft. Dass ein solcher aber auch derartigen Formen gelingen kann, zeigt das Portrait 9, 1, bei dem ein sehr seltsam gestalteter Vorstoss seine Zellstoffumfriedigung gewonnen hat, während eine abgestossene Blase noch scheinlebendig daneben liegt. Einen andern harten Kampf giebt Fig. 9, 2 wieder. Eine grobe Verletzung hat eine Menge Protoplasmasubstanz getödtet und zerfetzt, die nun herausquillt (2a). Hinter ihr versucht der noch lebende Protoplast unter Rückschiebung des Chlorophylls sich festzusetzen. Dass dies nicht gelungen ist, zeigt das fernere Kampf-Stadium 2b. Eine lange Strecke desselben hat noch müssen aufgegeben werden, bevor eine neue Zellstoffmauer hat hergestellt werden können, hinter der nun auch schon die Chlorophyllkörper aufgereiht stehen. — Man kann ausserordentlich viel verschiedene solcher Gestaltungen beobachten. Es sei nur noch auf Fig. 8, 12 aufmerksam gemacht, bei der auch innerhalb einer geschlossenen Schlauchwand nach Bruchverletzung zwischen den gut und glatt ausheilenden Theilprotoplasten sich Protoplasmablasen gestalten und eine Zeit lang halten. Und ebenso ist noch Fig. 9, 5 von grossem Interesse, bei dem über der wohl gelungenen Vernarbungskappe des Schlauches ein kleines rundliches Protoplasmastück, welches freilich nicht hinausgeworfen, sondern im mütterlichen Schutz der Schlauchwand und in Berührung mit dem Uebrigen verharrt ist, Energie genug hatte, um sich fest abzuschliessen, mit Zellwand zu umgeben und leben zu bleiben: ob lange Zeit, ist freilich sehr die Frage.

Es mögen der Fälle zur Veranschaulichung dieses morphologisch bedeutungsvollen Vorganges genug sein. Dass vielzellig aufgebaute Pflanzenstöcke sich gewaltsam theilen lassen, ihre Wunden vernarben und als nun getrennte Exemplare in ihren Theilen fortvegetiren, ist Jedermann geläufig. Dass dagegen im Zellgewebe höherer Pflanzen verletzte Einzelzellen wieder heil würden, oder sich aus dieser Veranlassung theilten und weiter lebten, ist dem Verfasser nicht bekannt. Hier nun wird die Geschicklichkeit eines Algen-Protoplasten, sein Leben unter solchem Missgeschick wirksam zu vertheidigen, unzweifelhaft vor Augen gestellt, und wir dürfen kaum zweifeln, dass es in der Verwandtschaft der *Vaucherien* etwas Gebräuchliches und Verbreitetes ist, aber auch in anderen Gesippschaften vorkommen wird.

2. Reduction der Vaucheria-Sprosse.

Wenn vorstehend erörtert ist, wie sich die Schlauchsprosse der *Vaucherien* nach gewaltsamen Eingriffen in die Grenzen ihrer Individualität ihrer Haut im wahren Sinne des Wortes wehren, oder dieselbe, ist sie zu sehr zerstört, durch eine andere ersetzen und, wenn damit Theilung verbunden ist, verkleinert fort existiren, so handelt es sich im Folgenden darum, eine noch bescheidenere Selbstbeschränkung dieser Pflanzen im Haushalt und räumlicher Ausdehnung zu besprechen und bildlich klar zu legen. Verfasser hat in der Literatur hierüber nichts Eingehendes zu finden vermocht und hält sich daher für berechtigt, seine Beobachtungen darüber mitzutheilen. Und zwar um so mehr, als die interessanten Wahrnehmungen von Stahl [1]) über den Uebergang gewisser bisher zuweilen *Gongrosira dichotoma* Kg. genannter Formen in *Vaucherien* eine Art von Widerspiel zu den hier vorliegenden Ereignissen bilden. Hier geht der Spross aus üppigem Leben in seiner Noth in Kümmerformen über; dort entwickeln sich bescheidene Individuen aus dürftigeren Verhältnissen in reichere hinein und zugleich zu vollkommenerer Gestaltung.

1) Botanische Zeitung. 1879. p. 129 ff.

Wenn man *Vaucherien* längere Zeit auf Objectgläsern in feuchten Kammern gefangen hält, wo sie ausser wenigem Wasser und noch mangelhafterer Luftzufuhr keinerlei Nährstoffe nachgeliefert erhalten, so sehen sie sich nach und nach ausser Stande, ihren Wirthschaftsbetrieb in ganzem Umfange fortzuführen. Der Protoplast ist genöthigt, einen kleineren Haushalt in einer beschränkteren Wohnung zu beginnen, wie der verarmte Bürger, der nicht genug mehr zu erwerben weiss. Dies kann dann nun bis ins Aeusserste gehen.

Soweit das Manuscript des Verfassers.

Die folgenden Abschnitte sollten zunächst diese Zertheilung des ganzen verzweigten Schlauches von *Vaucheria* in längere oder kürzere Stücke, diese Bildung von Gemmen mannigfaltigster Gestalt an schlecht ernährten *Vaucheria*-Schläuchen, ausführlicher schildern und die zugehörigen Figuren **9**, 8—16, 18—25 näher besprechen. Dabei sollte auch noch die Thatsache eingehender berührt werden, dass an solchen Gemmen bei kümmerlicher Ernährung öfters kugelige Anschwellungen auftreten, wie solche in den Figuren 8, 14, 18, 19, 20 der Tafel **9** dargestellt sind. Ebenso lag es auch noch im Plane des Verfassers, die Bewegungserscheinungen der Chlorophyllkörper in den Schläuchen von *Vaucheria* und in einigen anderen Fällen nach den Figuren **10**, 1—8 und **2**, 12 (Parenchymzellen von *Lemna*) etwas ausführlicher zu besprechen.

Hier seien nun noch zur Erläuterung dieser Figuren, soweit dieselben in der obigen Darstellung noch keine Berücksichtigung gefunden haben, einige kurze Erklärungen nach den handschriftlichen Notizen der Originalzeichnungen beigefügt.

Die Figuren 9—16, 18—19 der Tafel **9** zeigen die Zertheilung längerer oder kürzerer, kümmerlich ernährter Schlauchstücke in Gemmen verschiedener Grösse. Figur 10 stellt dasselbe Schlauchstück dar wie Fig. 9, einige Wochen später, mit weiter fortgeschrittener Reduction in kürzere lebenskräftigere Abschnitte (die mittlere kleine Gemme der Fig. 9 anscheinend zu Grunde gegangen). Ebenso zeigt Figur 18 das Stück a—b der Fig. 11 mehrere Wochen später: bei a und b sind kugelige Anschwellungen aufgetreten. Desgleichen ist Fig. 14 ein späterer Zustand (nach Verlauf von mehreren Wochen) von Fig. 13, Fig. 19 ein späterer Zustand des Abschnitts a von Fig. 16. Die Figuren 8, 20—25 geben verschiedengestaltete sehr kleine Gemmen wieder, zum Theil mit kugeligen Anschwellungen versehen.

Fig. 1a der Tafel **10** zeigt den Endabschnitt eines durchgeschnittenen Schlauches von *Vaucheria* nach vollendeter Ausheilung der Schnittfläche; die Chlorophyllkörper waren hier in ziemlich lebhafter Bewegung. Die Figuren 1b—1h zeigen sieben, rasch auf einander folgende Bewegungszustände einer einzelnen Gruppe von Chlorophyllkörpern dieses Schlauches. — **10**, 2 entspricht den früher besprochenen Figuren **8**, 7 und 9. — **10**, 3 zeigt einen Entwickelungszustand des Vertheilungsprozesses eines durchschnittenen Schlauches, in welchem die „Plasmanetze in Bewegung“ beobachtet wurden; entsprechend **8**, 5. — **10**, 4 zwei unmittelbar aufeinander folgende Zustände einer lebenden Schlauchspitze von *Vaucheria*, in welcher die Anordnung der Inhaltsmassen sich während der Beobachtung veränderte. — **10**, 5 drei analoge Stadien einer jungen Oogonium-Anlage in Oberflächenansicht. — **10**, 6—8 „Theile langer Schläuche nach plötzlicher heller Sonnenbeleuchtung, Mittags, nach vielen trüben Tagen. Später die Chlorophyllkörper gleichmässig seitlich. Nach Beschattung wieder ringsum gleich vertheilt.“ — — **10**, 9—10 Parenchymzellen von *Sambucus Ebulus*, „halb schematisch.“

Universitäts-Buchdruckerei von Carl Georgi in Bonn.

Taf. 1.

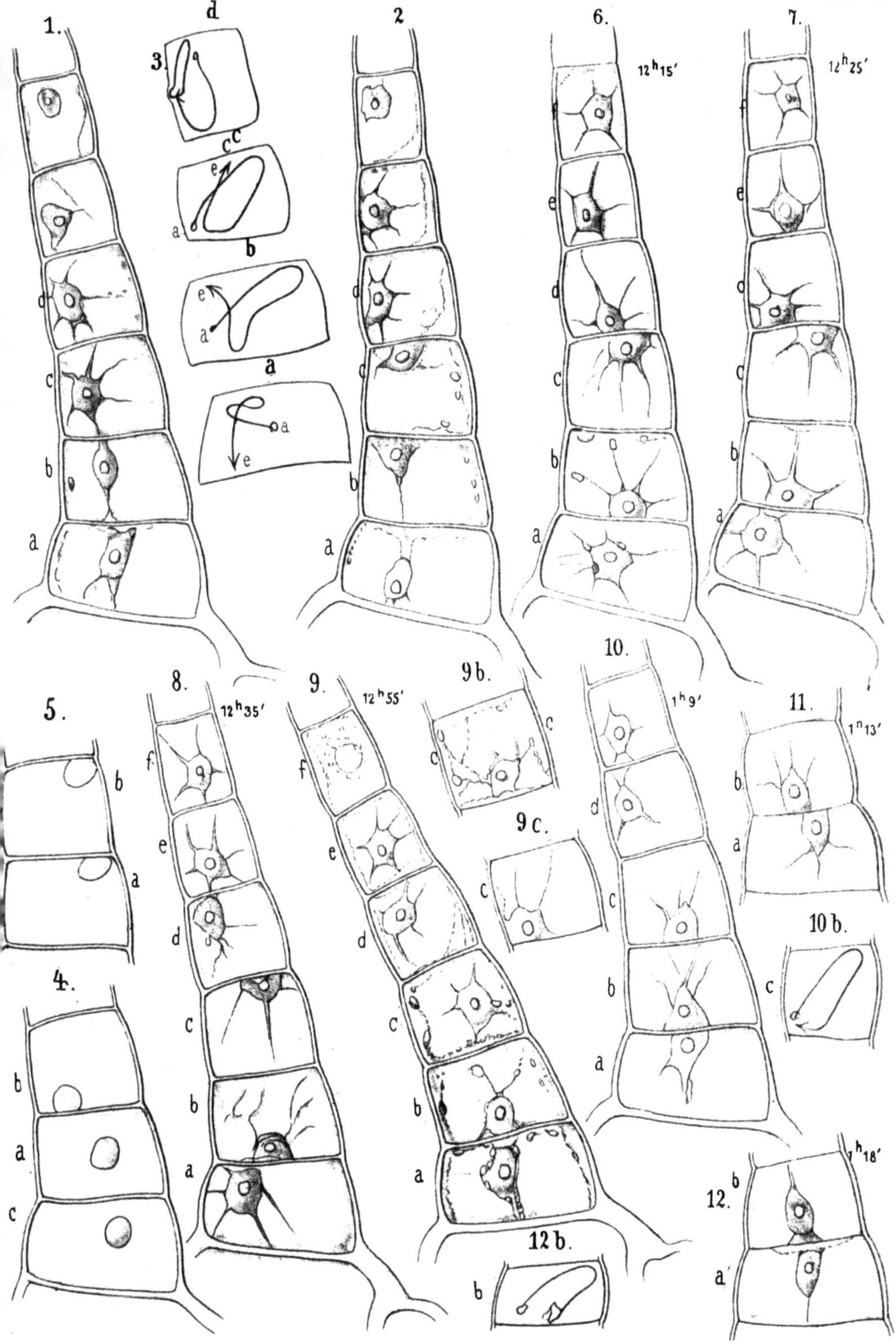

Cnicus benedictus.

Hanstein gez.

Lith. Jnst. v. A. Henry in Bonn

Taf. 2.

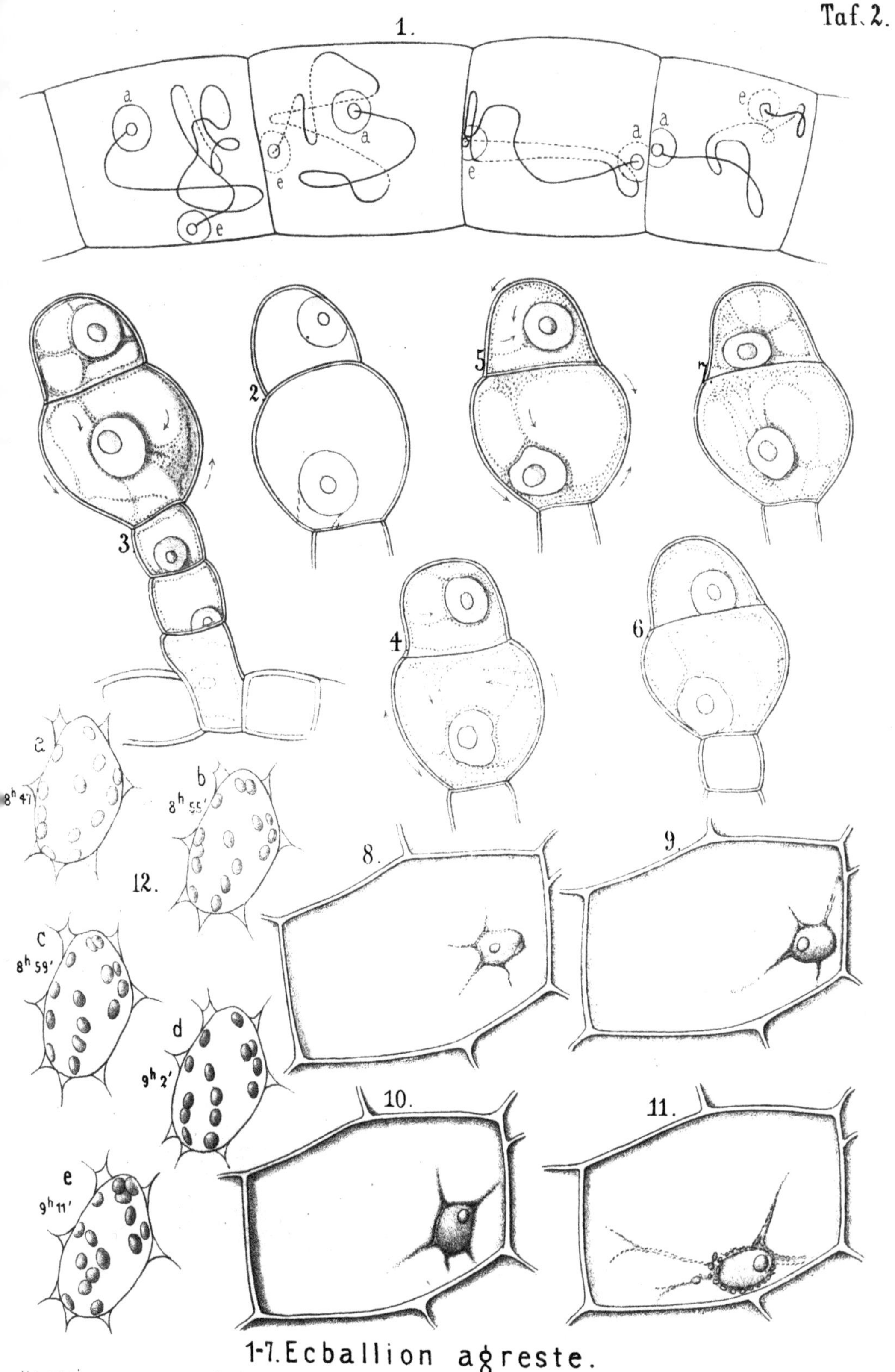

1-7. Ecballion agreste.
8-11. Cucurbita Pepo. 12. Lemna.

Hanstein, gez.

Lith. Jnst. v. A. Henry in Bonn

Taf. 3.

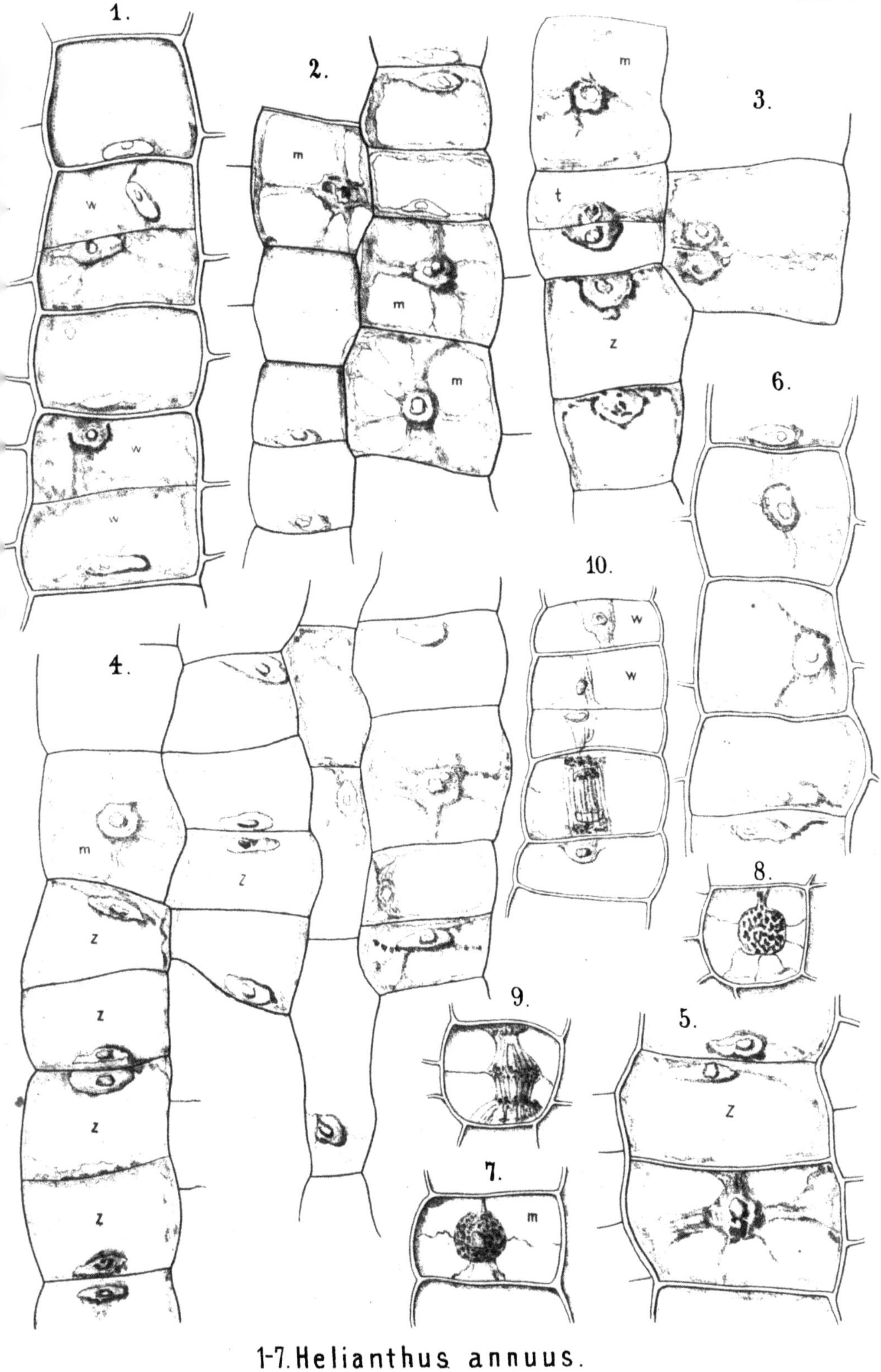

1-7. Helianthus annuus.
8-10. Aster simplex.

Hanstein gez.

Lith. Inst v. A. Henry in Bonn

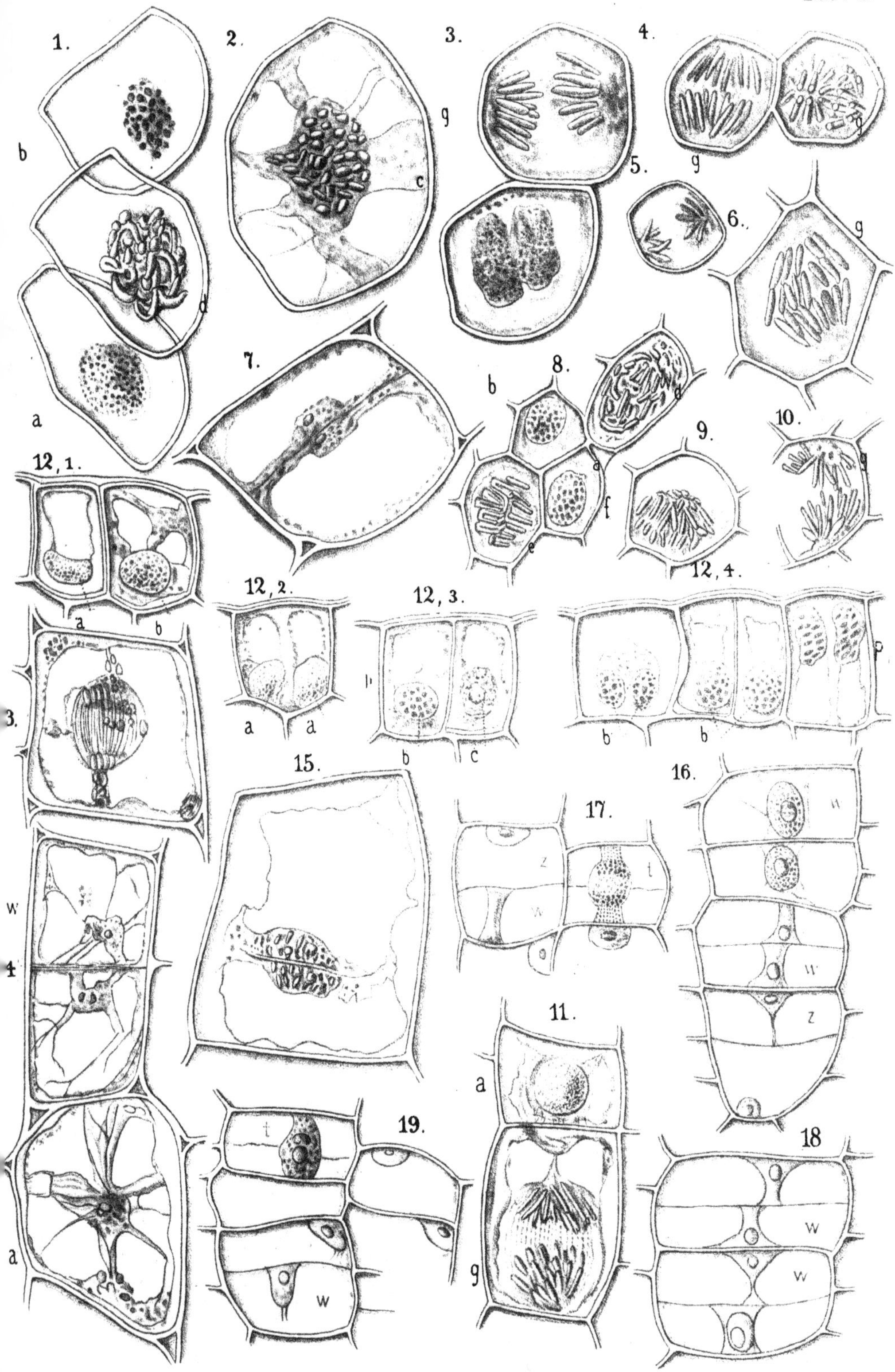

1-15 Paeonia. 16-19 Aster simplex.

Hanstein gez.

Lith. Inst. v. A. Henry in Bonn.

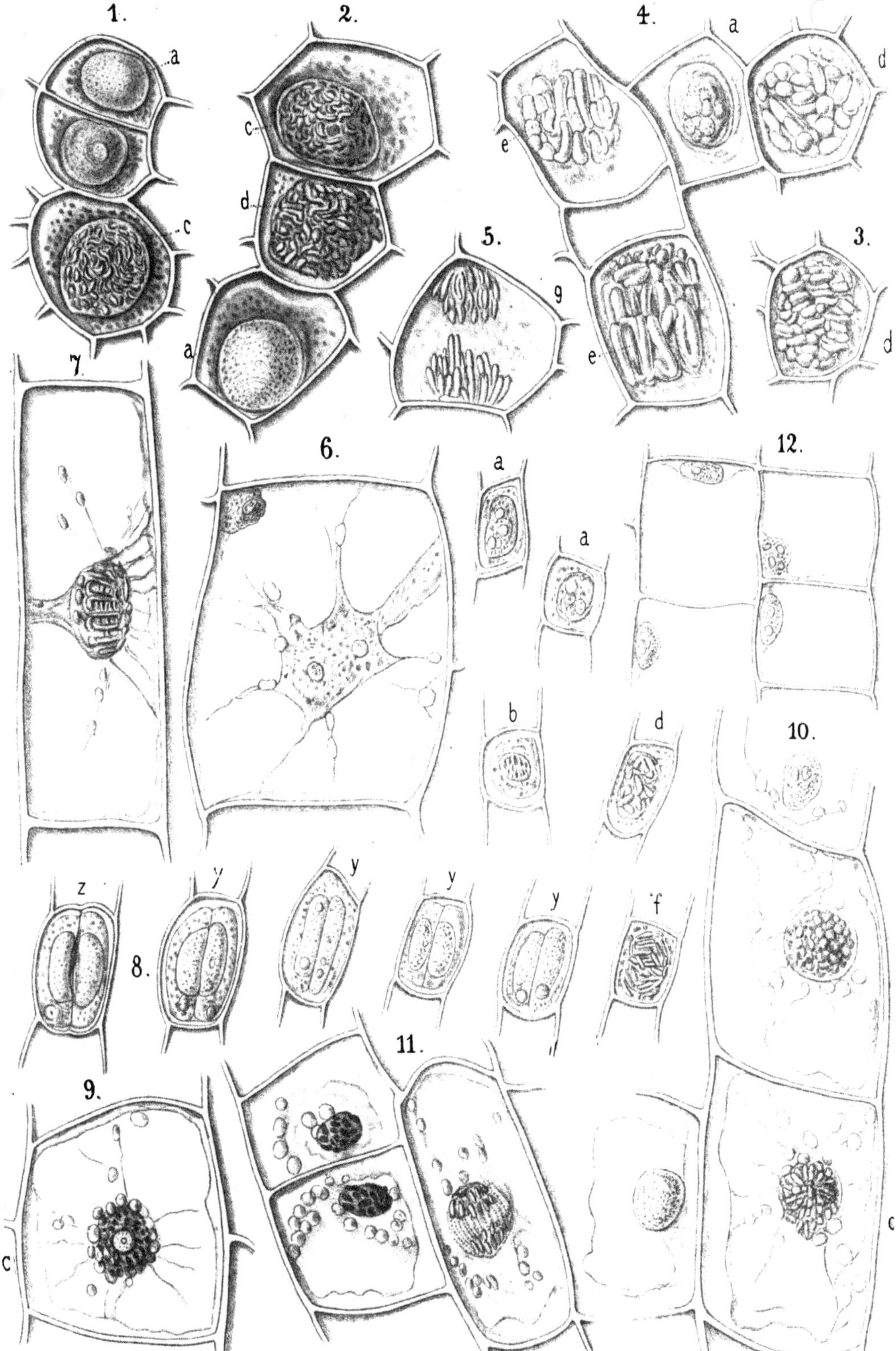

6-8. 12. Hyacinthus. 1-5. Frittilaria. 9-11. Begonia.

Hansteingez.

Lith. Jnst. v. A. Henry in Bonn.

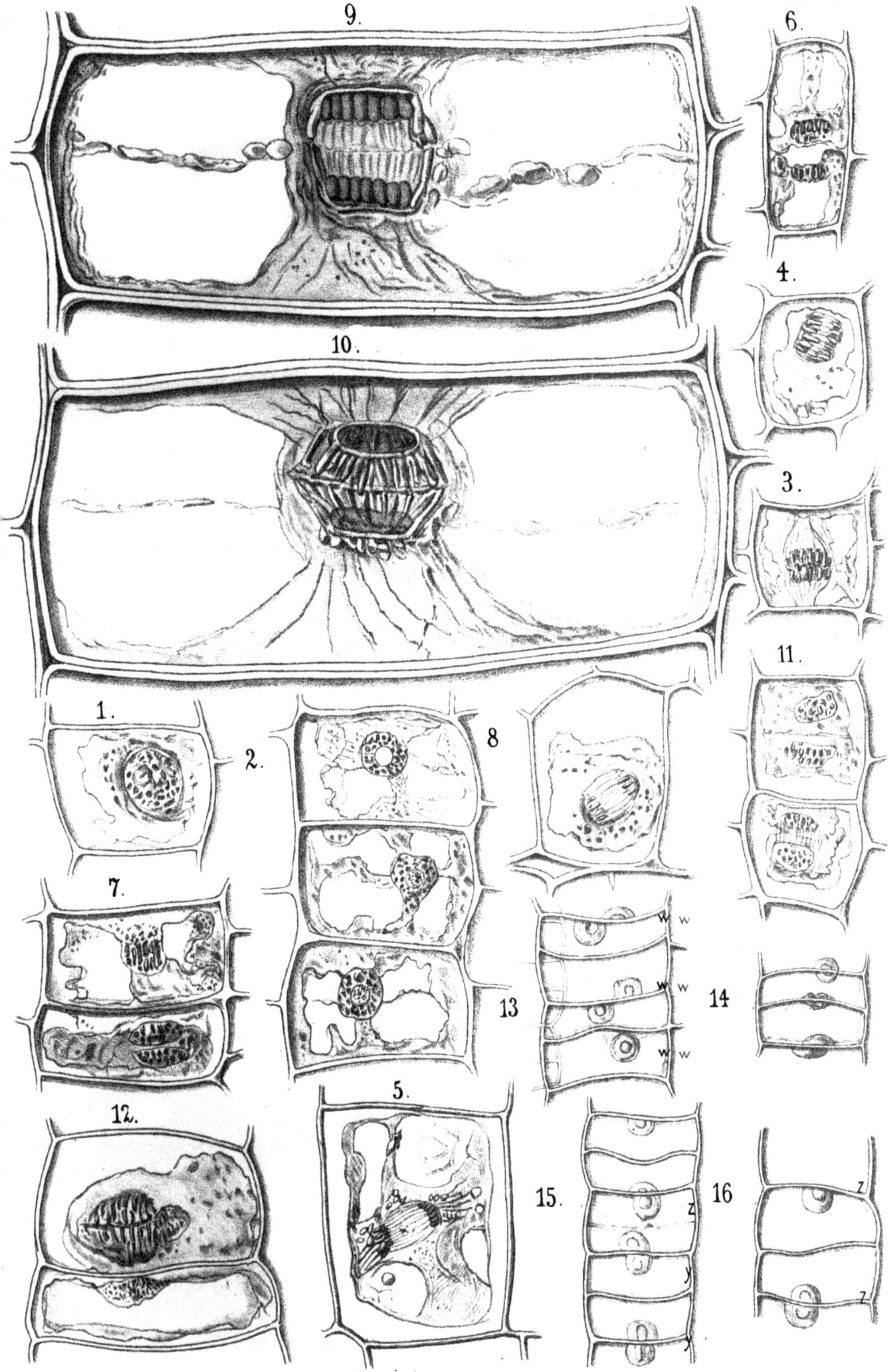

Polygonum Sieboldi.

Hanstein gez.

Lith. Jnst. v. A. Henry in Bonn

Taf. 7.

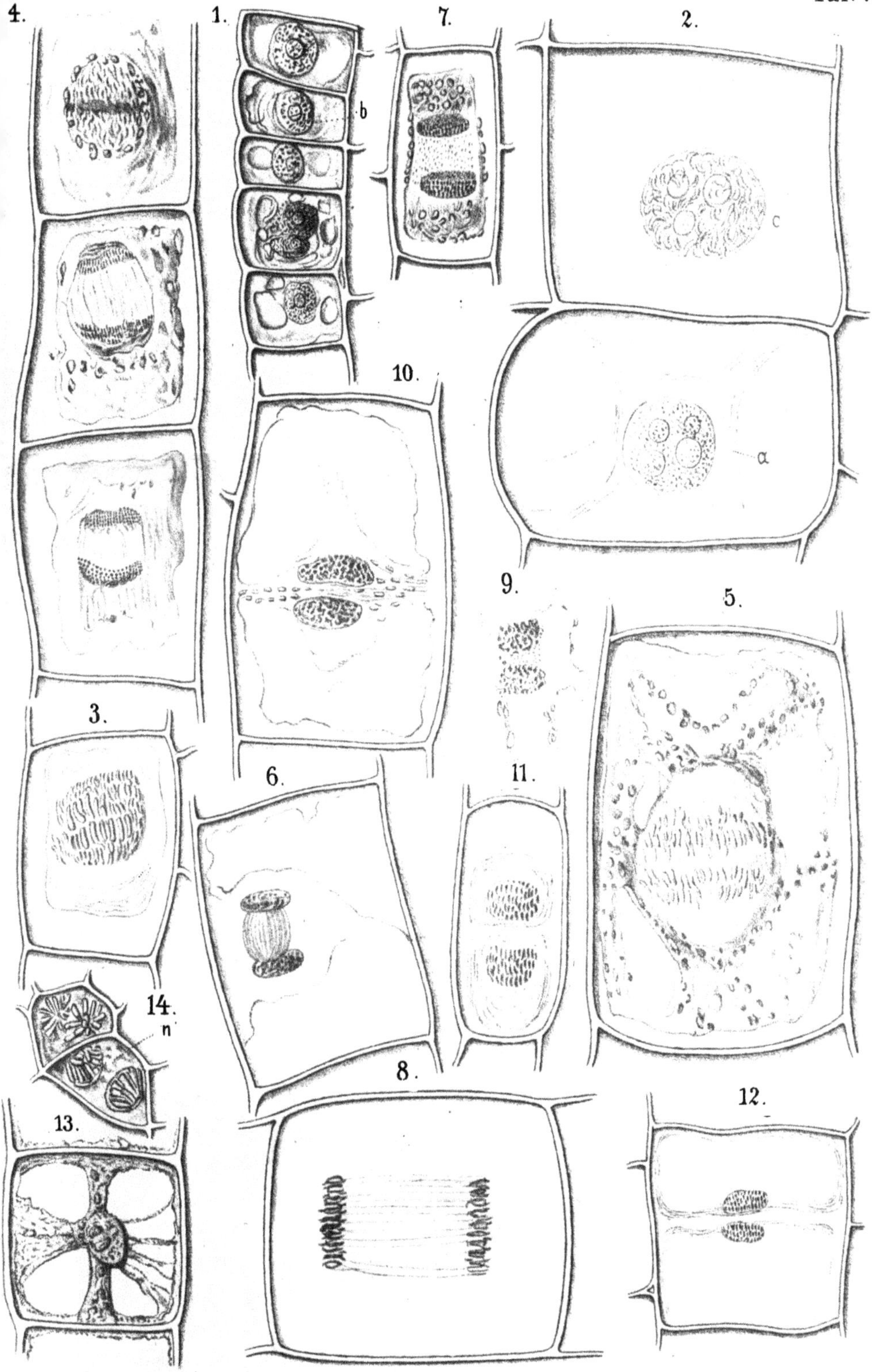

1-12, Equisctum. 13, Alyssum. 14, Paeonia.

Hanstein gez.

Lith. Jnst. v. A. Henry in Bonn

Taf. 8.

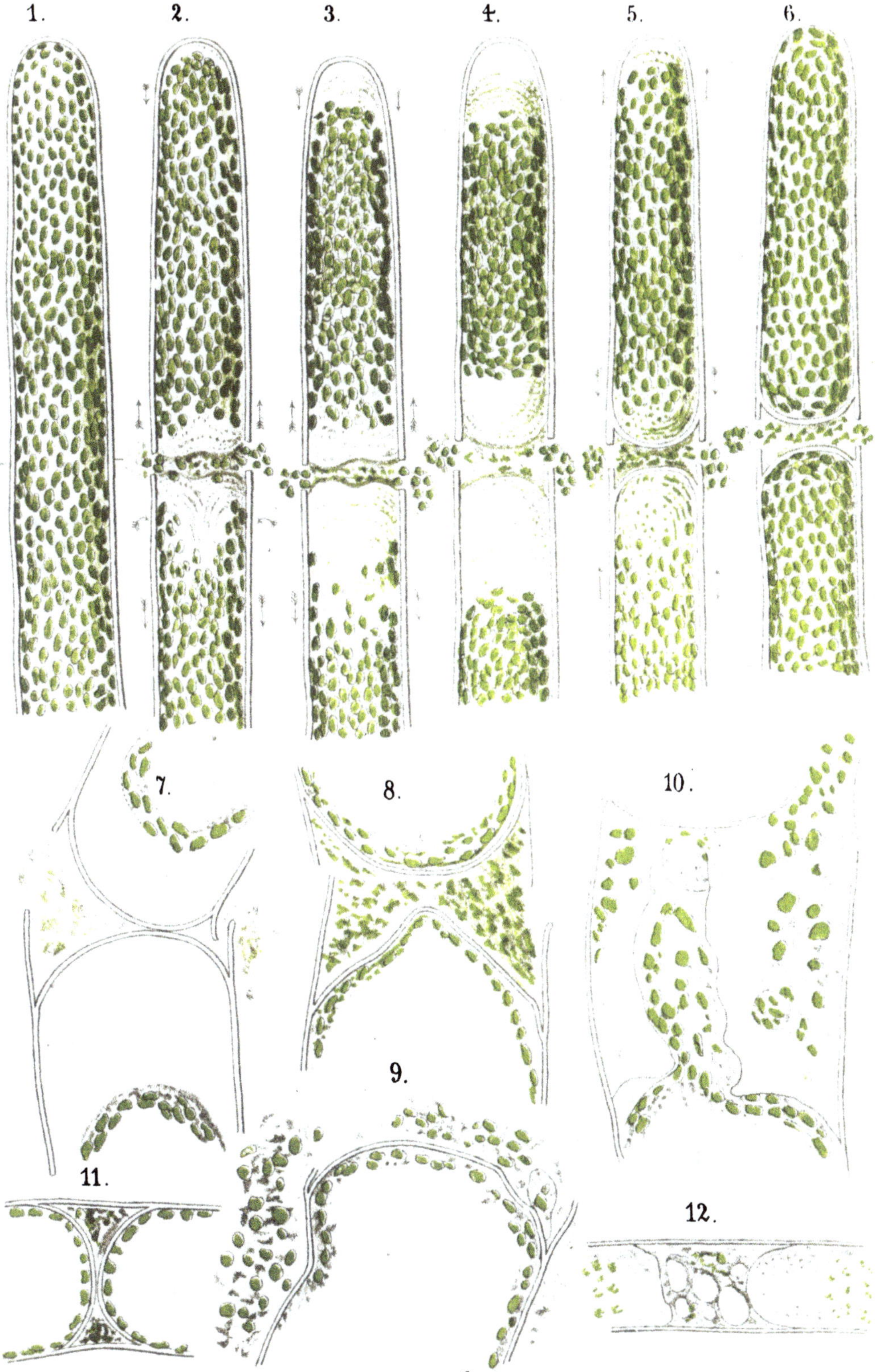

Vaucheria.

anstein, gez.

Lith. Jnst. v. A. Henry in Bonn

Vaucheria.

anstein, gez.

Lith. Inst. v. A. Henry in Bonn

1-8, Vaucheria. 9-10, Sambucus.

Hanstein gez.

Lith. Inst. v. A. Henry in Bonn

Von den

Botanischen Abhandlungen aus dem Gebiet der Morphologie und Physiologie

herausgegeben von

Dr. Johannes von Hanstein

ist erschienen:

I. Band.

1. Heft: **Die Entwicklung des Keimes der Monokotylen und Dikotylen** von **Dr. Johannes Hanstein.** Mit 18 lithogr. Tafeln. 1870. Preis 8 M. 50 ₰.

2. Heft: **Untersuchungen über Bau und Entwicklung der Bacillariaceen** (Diatomaceen) von **Dr. Ernst Pfitzer.** Mit 6 Tafeln in Farbendruck. 1871. Preis 7 M.

3. Heft: **Untersuchungen über Wachsthumsgeschichte und Morphologie der Phanerogamen-Wurzel** von **Dr. Johannes Reinke.** Mit 2 lithogr. Tafeln. 1871. Preis 2 M. 50 ₰.

4. Heft: **Die Entwicklung des Keimes der Gattung Selaginella** von **Dr. W. Pfeffer.** Mit 6 lithogr. Tafeln. 1871. Preis 5 M.

II. Band.

1. Heft: **Die Blüthen-Entwicklung der Piperaceen** von **Dr. Fr. Schmitz.** Mit 5 lithogr. Tafeln. 1872. Preis 3 M. 50 ₰.

2. Heft: **Untersuchungen über Pollen bildende Phyllome und Kaulome** von **Dr. Eug. Warming.** Mit 6 lithogr. Tafeln. 1873. Preis 5 M.

3. Heft: **Untersuchungen über die Entwicklung der Cuscuteen** von **Dr. Ludwig Koch.** Mit 4 lithogr. Tafeln. 1874. Preis 5 M.

4. Heft: **Die Pflanzen-Stacheln** von **Dr. Conrad Delbrouck.** Mit 6 lithogr. Tafeln. 1875. Preis 5 M. 50 ₰.

III. Band.

1. Heft: **Der Bau und die Entwicklung des Stammes der Melastomeen** von **Dr. Hermann Voechting.** Mit 8 lithogr. Tafeln. 1875. Preis 5 M. 50 ₰.

2. Heft: **Die Blüthe der Compositen** von **Dr. Eug. Warming.** Mit 9 lithogr. Tafeln. 1876. Preis 8 M.

3. Heft: **Die Parthenogenesis der Caelebogyne ilicifolia** von **Dr. Johannes Hanstein.** Mit 3 lithogr. Tafeln. 1877. Preis 4 M.

4. Heft: **Entwicklungs-Vorgänge bei Pistia Stratiotes und Vallisneria spiralis** von **Ernst Kubin** und **Dr. Jos. Franz Müller.** Mit 9 lithogr. Tafeln. 1878. Preis 5 M. 50 ₰.

IV. Band.

1. Heft: **Untersuchungen über die Quellung einiger vegetabilischer Substanzen** von **Dr. Johannes Reinke.** Mit 4 lithogr. Tafeln. 1879. Preis 5 M.

2. Heft: **Einige Züge aus der Biologie des Protoplasmas** von **Dr. Johannes von Hanstein.** Mit 10 lithogr. Tafeln. 1880. Preis 6 M.

Universitäts-Buchdruckerei von Carl Georgi in Bonn.

www.ingramcontent.com/pod-product-compliance
Lightning Source LLC
LaVergne TN
LVHW010545300926
849162LV00002B/242